U0044905

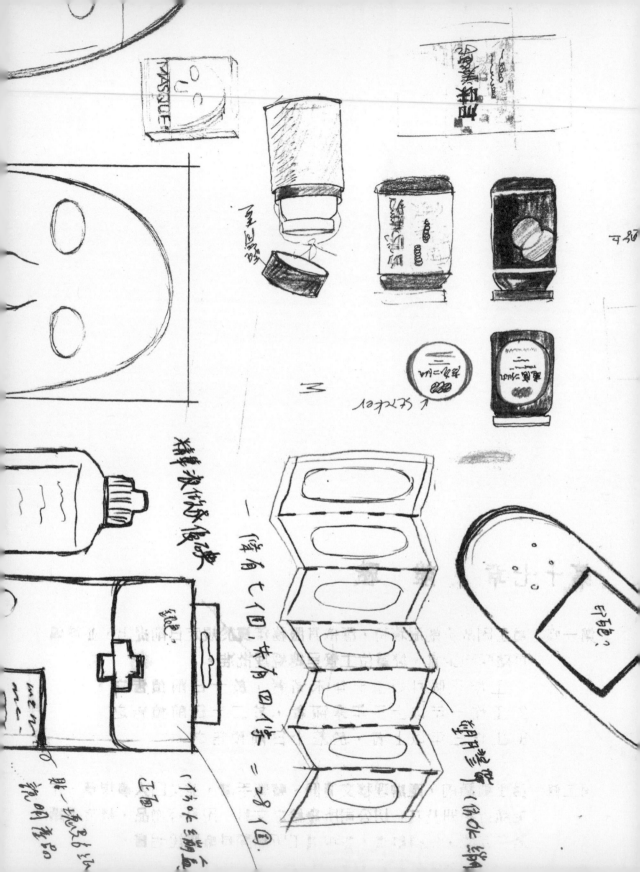

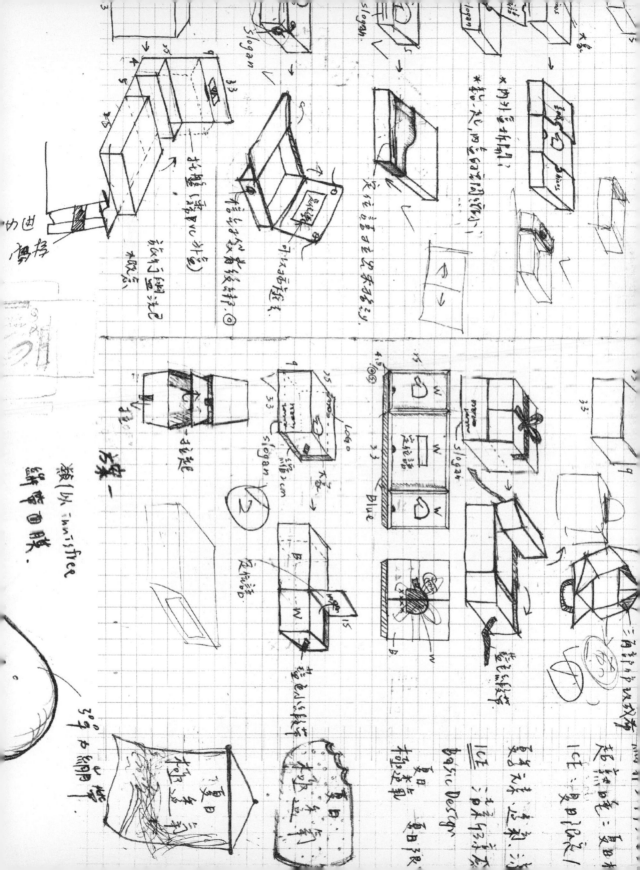

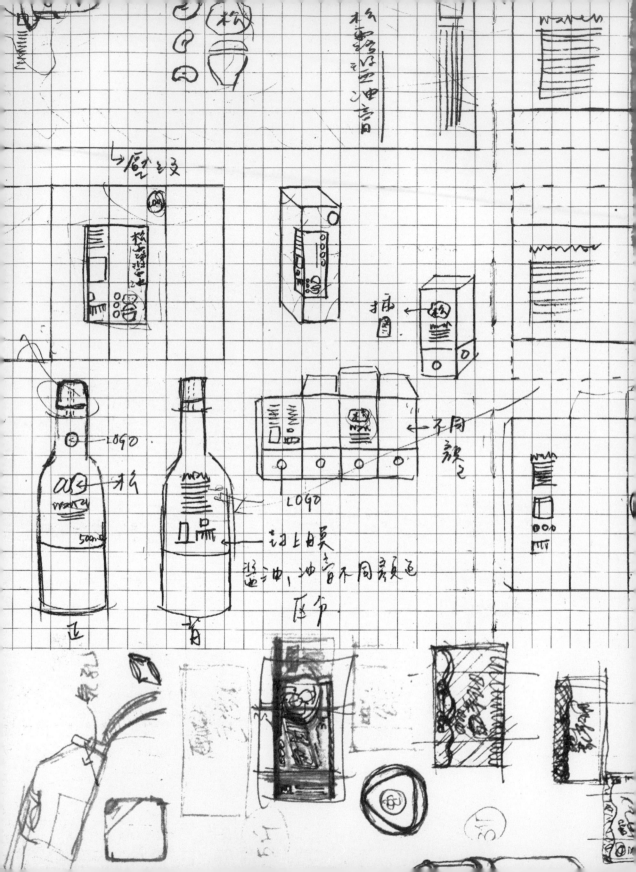

印刷設計手冊

Print Design Guidebook

紙版墨色工

PAPER | PLATE | INK | COLOR | CONVERTING

歐普設計·
王炳南——著

好設計·要落地

全華

前言 | PREFACE

設計的技巧會隨著軟體的發展連帶提升設計的表現手法，但設計人往往會忽略軟體製作完成的效果圖其落地的可能性；然而，印刷後工藝技術的開發，也隨著工業技術的發展而有所提升及改變，身處在設計軟體及工藝技術不斷的變革中，設計、技巧、工藝已越來越難分開。

三位一體是現在身為職業設計人的基本功，就像是到底先有雞還是先有蛋？很難說得明白。設計出色的作品到底是懂得善用工藝來強化呢？還是找到很好的工藝技巧而大大提升了設計水平？兩者沒有先後的關係，但兩者絕對有交互的關係。

從經驗上來看，一些很出彩的設計作品其後製工藝都在水準以上，這些千奇百樣的印刷工藝要如何應用？又該如何結合在自己的設計方案中？更不能為了成就個人的設計慾而無上限地使用工藝，在在都考驗一位職業商業設計人的成熟度。

　　只在乎提案時的效果卻缺乏設計落地的經驗，這在專業設計行業中完全行不通。常聽到設計定案後才是痛苦的開始，因為設計師缺乏印刷工藝的知識。能將設計想法利用成熟的工藝技巧把作品落地，這才算是從設計人演變成設計師的淬煉。

　　在提倡匠人精神的時代，要隨時增加自己的工作技能，並透過有系統的職技知識來累積自己的工作實力，如練功的口訣可以增加記憶順利學習，本書將設計方案落地化的職業技能以「紙、版、墨、色、工」的五字訣來引述印刷與工藝間的系統關係，將生硬嚴謹的專業知識轉化為輕鬆的職技資訊，輕鬆學習實質成長。

於臺北歐普

2019/08/01

關於本書 │ ABOUT

　　印刷工藝的系統繁雜，從材料端就得開始思考，什麼材料適合什麼設計品？適合什麼樣的工藝？印前及印後又有怎樣的改變？平面設計對印刷工藝的要求與立體包裝設計的需求又不一樣，是工藝要遷就材料或者是遷就印刷？這些都沒有一定的誰先誰後，都必須依不同設計物而定。印刷與工藝都是物理性的工業技術，把它梳理順了，其實不難，難的是如何把設計稿件透過完稿過程，依序地繪製完善進入下一個工作流程。

　　在國外這份工作都是委任資深的製管人員來執行，也有專業的完稿公司來為設計師服務，畢竟完稿是一種專業又繁瑣的工作職技，完稿的英文為 final artwork 可見其設計完成最後的重要性。

　　本書將複雜的印刷與後加工工藝的關係，透過「紙、版、墨、色、工」這五個環節以邏輯對應的論述來依序介紹，本人依據超過38 年以上的設計工作經驗，將紙版墨色工依序上下對應結果，一章一節展開設計到落地的說明。

　　俗說，頭過身就過，「選對紙」就是對的開始，此章節是由兩大紙質特性及兩種國際紙張規格說起，延伸到下一章談到現行使用的凹、凸、平、孔，四種印刷版式，它與各種材料之間的適用性，讓設計師好好「認識版」而會應用各式版材。

　　接下來的章節是來探討什麼樣的版材要對應什麼樣的油墨，而「辨識墨」的章節中會說明油墨印在兩大紙質系統上所呈現的不同效果；並將設計印刷不離手的 pantone（彩通）色票本交互說明，經由油墨印製在不同媒介上所產生出的眼見色彩，並提示設計師常常忽略的色光 - 螢幕色 (RGB) 及色料 - 印刷色 (CMYK) 的分辨法，善用科學化的色彩校正來「管理色」。

　　最後在「後加工」的章節中將會詳細介紹各式各樣材料媒介交互的加工方式及工藝效果，易於理解工法並善用工法，善用複合式的工藝技能，使作品更多元更豐富。

　　本書將文中大量資料訊息圖表化，並使用各種流程圖表來增加讀者的理解，同時採用大量已上市發表的案例來配合說明，以設計方案開始到實際落地，以達到編寫本書的最終目標。

內容簡介 | INTRODUCTION

　　印刷工藝的系統繁雜，設計師必須從材料端開始思考，什麼材料適合什麼設計品？適合什麼樣的後加工藝？印前及印後又會面臨怎樣的改變？平面設計對印刷工藝的要求與立體包裝設計的需求又不盡相同，是工藝要遷就材料？或者是遷就印刷？這些都沒有一定的先後順序，必須依不同設計物而定。

　　印刷與工藝都是物理性的工業技術，梳理起來其實不難，本書將複雜的印刷與後加工工藝的關係，透過「紙、版、墨、色、工」這五個環節以邏輯對應的論述來依序介紹，本人傾其 38 年以上的設計工作經驗，將紙版墨色工依序上下對應結果，一章一節展開設計到落地的說明。

　　全書共分六章：第一章介紹「選對紙」就是對的開始，此章節是由兩大紙質特性及兩種國際紙張規格說起；延伸到第二章讓設計師好好「認識版」，應用現行各式版材，如：凹、凸、平、孔四種

印刷版式，以及與各種材料之間的適用性；第三章接著探討版材與油墨的對應關係，在「辨識墨」的章節中會說明經由油墨印製在不同媒介上所產生的實見色彩，並提示設計師常常忽略的色光 - 螢幕色 (RGB) 及色料 - 印刷色 (CMYK) 的分辨法，第四章則透過科學化的色彩校正來「管理色」；第五章在「後加工」的章節中介紹各式各樣材料媒介交互的加工方式及工藝效果，易於理解工法並善用複合式的工藝技能使作品更豐富；第六章「綜合案例」採用大量已落地上市的實際案例來驗證說明，最後「附錄」是將文中大量資料訊息圖表化，並使用各種流程圖表來增加讀者的理解及附上各式設計師常用工具圖表，能從設計方案開始到實際落地化，以達到「好設計，要落地」的終極目標。

　　本書適合作為高等院校視覺傳達系、書籍設計及包裝專業本科生、研究生的教材，同時提供 QR code 影片增加學習臨場感。

目次 | CONTENTS

1

選對紙
PAPER

（1-1） 創作的成功，取決於載體

　　傳統的郵票是使用於信件，做為郵資給付來傳遞信息的費用，如今信息的交流被電子郵件 (E-mail) 取代，鮮少人付郵資寄信來傳遞信息，難道郵票商品就要消失了嗎？Line 的出現，E-mail 又更少人使用了，難道 E-mail 就要消失了嗎？載體因應需求一直在變，也不斷有人創造出新的載體，郵政公司難道就投降破產解散嗎？任何企業要生存，一定是以本業為根基，面對社會、市場、環境、科技的挑戰並改善應對，販售飲料的統一集團，在市場上遇到同業的康師傅難道就要迴避嗎？可口可樂世界之強，難道會因百事可樂的出現就要退出市場嗎？設計也是一樣，只要找出設計的價值就能站穩市場。

　　載體日益更新，通常好玩的事物才容易引起注意，且一定要能被接受，善用並關注才是王道。市場上開始流行擴充實境 (AR=Augmented Reality) 的科技，手機只要對著圖案進行掃描就會有訊息出現，這就是新的載體，但是否能應用在包裝、郵票上？或是被用在產品上呢？例如：我們只需要掃描產品上的圖案，就可出現產品的說明影片或音訊等，增加與消費者互動的趣味性、促銷性，這個新載體的出現，設計師就可以嘗試加入到自己的設計案，增加設計的創新性。

（1-2）　紙與設計

開始談紙之前，我們再回到最源頭來談談「紙與設計」的關係。什麼是想法？無中生有才是想法的本質，有想法就是好創意，所以創意一定是新的、別人未曾想過的，但是想法不一定要很偉大。而新的演繹是→可以天馬行空＝虛無縹緲（圖 1-1），或許當下不能實踐，但假以時日，會有實現的可能。任何想法都需要大挖掘，不該侷限於已知的知識狀態下，這才符合想法的定義，理性專業的設計師必須藉由經驗與知識，將天馬行空的想法收整歸納其可行性，也就是落地的重要與必須性。

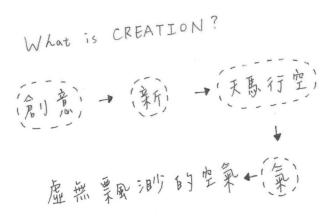

圖 1-1

感性的想法需透過理性設計手法及載體 (媒介) 來實踐，媒介包括了紙張、數位、光源、聲音、味覺及觸覺等，連念力這種說不明白的載體也是一種媒介，種種的載體都是可以被計劃出來 (圖 1-2)。一切的設計包括材質、媒介，都是一種有計劃有目地的意識誘導。

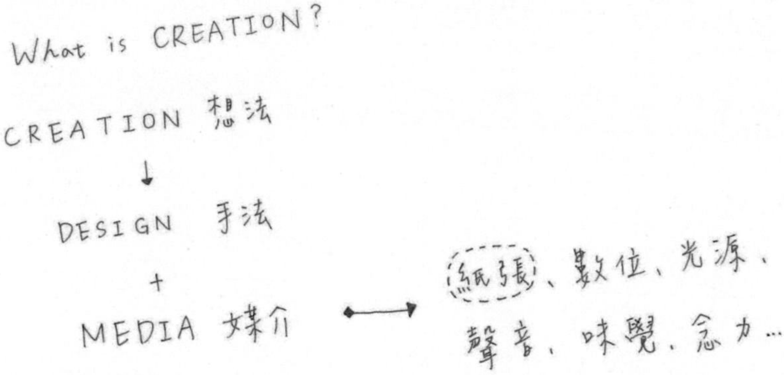

What is CREATION?

CREATION 想法
↓
DESIGN 手法
+
MEDIA 媒介 ←→ 紙張、數位、光源、聲音、味覺、念力…

圖 1-2

人的生活當中有許多無意識的行為出現，我們每天視覺接觸到的信息量大約有 4000~5000 件，不可能件件都記住。但是，設計不能做無意識的事，因此，如何計劃出有意識的訊息來吸引消費者注意，這都必須依靠理性思維與科學的方法來設計，並善用載體 (媒介) 來傳達一些有意識的事物。

　　紙張算是我們接觸大量的載體中，最頻繁也是最容易駕馭的，設計師從想法到完成，大多使用的載體也是紙，那為什麼不選用其他的載體？因為紙發展得較早，且配套的延伸應用也很完整，對於使用者（設計師）及受訊者（社會大眾）而言相對熟悉，同時，紙也是最直接、最不需要其他輔助工具的單獨載體。

　　紙，是一種基材，很多周邊的工藝技術都因應而生，已形成一個龐大的供應體系。在不斷創新開發的工藝中，受到如此多元的後加工工藝技術的植入，設計師應用起來相對豐富且順手，也慢慢變成設計師最愛用的媒介。一個載體是否能被人家接受，不能只看載體的獨特性，它的周邊配套及使用方便性才是觀察的重點。

　　紙的特性很容易被改變，可以用折的方式讓它由平面變立體；用壓力去改變它的凹凸感；用金銀質感表現它的高奢感；又可以被做為基材裱褙於其他材質上，如再善用印刷技術，它就可以乘載任何想法的展現，所以它才能是設計師最忠誠的伙伴（圖 1-3）。

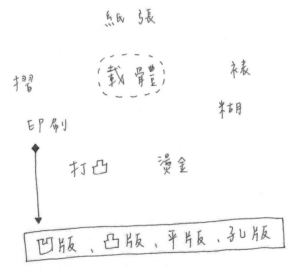

圖 1-3

紙張的性質分為物理、光學、機械及表面性質四大類其說明如表 1-1 所示，這四個性質若能綜合的理解，再搭配上設計師的靈活創意，所相乘的呈現效果很驚人。

表 1-1 紙張的性質

紙張的性質 的分類	說　明
物理性質	主要是紙張的結構性質，例如：基重、厚度、密度、伸縮率及兩面性等。
光學性質	例如：紙的白度、視覺白度及光澤度等。
機械性質	也就是強度的大小，例如：抗張強度、撕裂強度及破裂強度等。
表面性質	例如：平滑度、粗糙度、吸收度、上膠度。

裱褙

　　用紙或其他材質做為襯底，以便於收藏或使之美觀展示用。

1-3 顏色的載體

　　紙張經過印刷或是上色後，藉著光的各種長、短波長折射，才能讓我們看到各式各樣、五花八門的顏色，所以我們稱紙為顏色的載體。

1. 紙張設計

　　紙張做為顏色的載體，不會因為數位科技的出現而造成紙張產業的崩盤，紙本的設計物反而越來越受喜愛，人長期處在虛幻的數位環境中，還是會回歸到有實體、有質感的物件上。因此，紙已不再是以往單純的載體，它必須要升級，做得越來越好、越有質感，並且在競爭的環境中更突出紙質的優點。

　　紙張在設計歷史上一直佔有很重要的地位，從西元 105 年蔡倫造紙開始一千多年以來，有許多加工技術圍繞紙張而開發，也因此支撐紙張產業的延續與昇華，相輔相成作用之下，紙張加工的技藝也越見精湛且多元，目前市售的商品大多皆是以紙材來製成。紙的開發最早也較為成熟，在眾多材料裡，紙的質感最能打動人心，也具有獨特而多樣的情感，能為設計師的作品增添層次與深度。

　　雖然「紙」都同樣由原木原料所抄製而成，但卻比其他材料富有更多的變化，品項也更多元。例如：紙材的厚薄之差、紙面手感粗細之別、紙紋花樣百出、紙纖維縱橫有致、紙色豐富多彩及紙張大小隨意裁切等。

2. 紙張加工

　　在平張的紙材上加上印刷後加工的工藝，例如：打凸、燙金、模切、軋孔、折摺、糊裱、印色、覆膜、植絨、淋膜、烤松香、雷雕及紙塑等，可以使原來毫無特色的紙質變得豐富多元，與原本認知的一般紙材不同。紙材的特性是在使用前加工好用、使用後可再利用、回收再製作，是相對較為環保的材料。

　　紙張有文化用紙、商業用紙及工業用紙品等，每種紙類都視其產業需要發展齊全，當今隨著經濟時代線上商店的興起，在以往的工業用紙上，已大量投入流通用的紙箱市場，同時也延伸出另一個供應鏈，從紙箱用紙、用墨、用膠及開啟方式，都有新的應用技術在開發中。

3. 紙張種類

　　紙張種類大致分為兩種，一為「非塗佈紙類 (Uncoating)」，例如：模造紙、道林紙及再生紙等，內地有的稱為膠版紙；二為「塗佈紙類 (Coating)」，例如：單面 / 雙面銅版紙、特級雙面銅版紙、壓紋銅版紙、高級雪面銅版紙、特級銅版紙及輕量塗佈紙等，後面1-5 單元會再詳細介紹。

　　每家紙廠對於紙產品各有不同的名稱，從紙的分類來看，大致分為非塗佈、塗佈兩大系統，但在「造紙」過程中並無區分，造紙完成初期是非塗佈，拿到的紙張成品上有不同的質感，例如：金屬銀粉、炫光效果、珍珠質感等，都是依不同需求而加工，因此，造紙完成後的第一步加工，就是塗佈工藝了。

圖 1-4

近幾年還有造紙廠商加入自然生態元素，例如：金箔、花朵、羊毛等，逆摸與順摸有不同的觸感，廠商會以加工後的質感呈現來為紙張命名。這是不斷被開發的結果，在數位開發越見精進的過程常中，紙張開發必須更為專精，取代數位無法傳達的觸覺效果，這些技術都可以用在設計上。

有品牌商家為了防偽在包裝貼上雷射貼紙，但是雷射貼紙也可以造假，所以品牌商家為了杜絕仿冒，防範自家品牌的良好形象被商業競爭所損害，在抄紙過程中就開始思考防偽的問題，例如：在紙漿內加染料或其他有色纖維等作法。國外某品牌曾在造紙過程中把標準色號色母放在紙張中，不管怎麼撕，紙芯都呈現暗紅色，也因為抄紙的時間與成本負擔較大，可用以杜絕山寨仿冒。

中國的雲南白藥牙膏紙盒包裝用紙也是，由固定的造紙廠訂製獨特的藍芯紙，一般坊間不易買到，就是為了區隔價差便宜好幾倍的山寨牙膏（圖 1-4），讓消費者可以快速自行檢測包裝是否買到山寨版的。將杜絕仿冒決戰於賣場上，減少品牌商家的損失，紙質的克重、塗佈、壓花都容易從後加工仿造，但從抄紙的紙芯開始，門檻相對較高也較不易。

除了使用紙芯防偽，紙張內還可以設計浮水印，國外的古曼紙商，在造紙過程中特定範圍會有浮水印商標。這些高級的紙張有時可以在五星級飯店內文書用品見到，用以彰顯該飯店的高級與細膩思維。至於品牌商家抄紙能不能加入浮水印？答案是可以的。我們可以在造紙的篩網上加上所需要的圖文飾樣，篩乾過程就會留下需要的浮水印紋，最常見是紙鈔上的浮水印圖（圖 1-5）。

在抄紙過程中加上獨特識別或是設計紙的紋路，特有的紋路代表企業或品牌，也是識別設計的一種手法，只要用紙數量夠多，都可以請紙商特別訂製紙紋及獨特的企業標誌浮水印。

圖 1-5

4. 紙張的重量和厚度

原紙生產出來都是滾筒式的，生產完畢後再視需求裁切成單張，靠近滾軸兩端所生產的紙，其厚薄穩定性低於滾軸中段的紙張，所以每批造紙出來還會分 A 級、B 級等。A 級是指滾軸中段生產穩定的優質紙品，B 級則是滾軸兩端生產的次級紙品，紙樣與實際生產出來的成品如果品質有差，但是又確定是同款紙，很有可能就是 A 級與 B 級的差別，製造過程中難免有耗品，因此 A、B、C 等級價差會差很多。因此，辛苦完成的設計品，到了這個環節還是得多用心去了解品質跟紙價是否成正比，才能真正得到一分錢一分貨的成果。

紙張的計量以「令」為單位，1 令 (Ream) 有四束共 500 張，一束內含有 125 張，紙張的重量則可分為「令重」、「基重」(圖 1-6)。例如：31 x 43 英吋的紙張，用 500 張紙去秤重量，得出的重量 (磅或克)，再除以 500 就可得一張紙的基重。造紙過程中水份無法精準把握，如果以單張紙去秤重會有誤差，所以用 500 張紙為單位去秤重，秤出來的數字即為該款紙張的克重數。

紙張的重量

① 令重（lb / R）：一令紙的重量。(令重越重，紙張越厚)

② 基重（g / m²）：每平米紙張的重量（基重越重，紙張越重)

令重 = 紙張面積 x 500 x 基重

圖 1-6

有些進口紙較貴且使用量不大，會以一束 125 張為單位小批量出售，且通常進口紙都會包覆防潮塑膜，最好在印刷前幾小時再拆封，因有些進口紙質含紙漿纖維高，導致吸濕性很高，如果沒有及時付印，有可能造成套色印不準的問題，而高規格印刷廠會以恆溫、恆濕環境來存放紙張，才不會影響印刷的精密度，這都是品質管控的重要環節。

紙張耗損量

　　印刷會有耗損，如果印 500 張海報，通常紙張的準備會超過一令，但不可能備兩令紙，就可以考慮用「束」來計算。校版、印壞及跑色試印等，總合加起來都是屬於耗損的量且印工費用會以實際印量來計算，不會加上耗損量，所以通常以一令來計算，不足一令仍以一令計，且用紙量就必須加上耗損來計算。

　　500張的紙去秤重如果為200磅，這張紙的重量就稱為200磅，有些紙商會用克重為基數，是用每平方公尺去計算，看紙樣後面的數字單位，是 P 還是 g/m²。200 P 的紙與 200g/m² 的紙張厚薄不同（圖 1-7），但都是紙張的重量標示方式，所以要看清楚廠商如何標示，才不會計算錯誤，在臺灣常用 g 磅數為紙張重量，而日本紙一般較常用 g/m² 為基重。

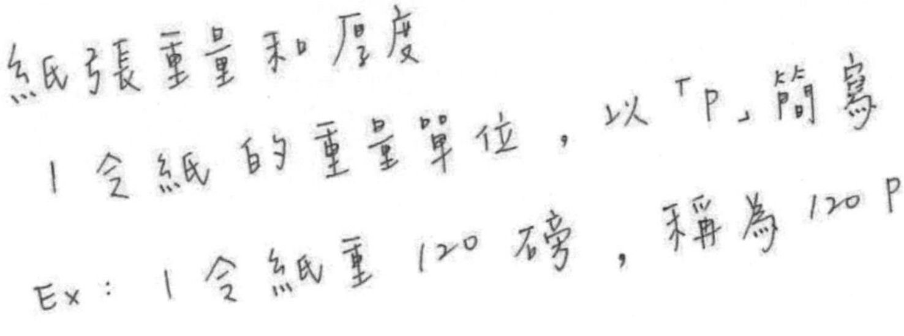

紙張重量和厚度

1 令紙的重量單位，以「P」簡寫

Ex：1 令紙重 120 磅，稱為 120 P

圖 1-7

一令紙的重量單位，通常以 P 來代稱，例如：一令紙 120
磅，就稱為 120P，換算方式要搞清楚。磅是重量，再換算成厚度
則是 1P=0.0254mm、1mm=100(條絲)、1P=2.54(條絲)、1 條絲
=0.01mm=10μm。。300 磅以上的紙張，可以用重量去算，但越厚
的紙誤差越大，就不會用磅去算，而是用條數計算 (圖 1-8)，而條
數就是用磅的原理去換算。例如：精裝書封面內的裱褙基材，馬糞
紙或灰紙板。

按照國際標準組織的建議，基重在 200g/m^2 以下的叫做「紙
張」；200g/m^2 以上的叫做「紙板」，一般紙板的厚度大多大於
0.2mm。順帶一提，有些印刷廠長期印一些厚磅的紙，印刷機的磨
損大，如果拿來印薄紙可能精準度會不夠，遇見這樣的情況，建議
更換另一家印刷廠。

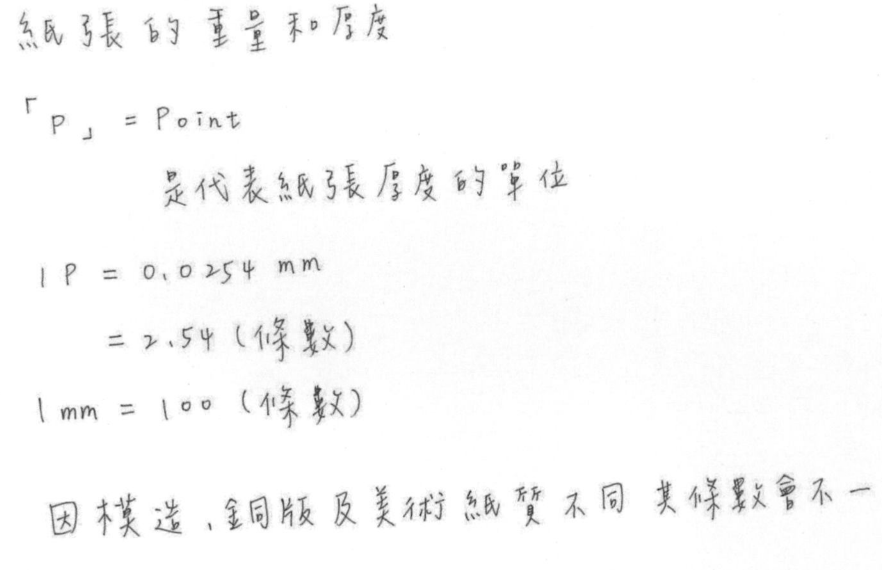

紙張的重量和厚度

「P」= Point

  是代表紙張厚度的單位

1P = 0.0254 mm

   = 2.54 (條數)

1 mm = 100 (條數)

因模造、銅版及美術紙質不同 其條數會不一

圖 1-8

　　一般厚紙卡在 300 磅以上，大概就用條數來計算。這些並非絕對，同樣磅數摸起來的手感或條數測量的手感不一樣，模造紙、銅版紙、美術紙摸起來厚度感都不一樣。因為抄紙的初胚是模造紙，上粉碾壓成銅版紙，再經過加工成美術紙，有些美術紙還會加上壓花工藝，壓花的圖紋就會有凹凸起伏厚薄不一的狀況，摸起來自然感覺不同，但用重量去秤是不會有所變化的。好比銅版紙 120 磅換算成條數後，如果再拿一張同樣磅數或條數的美術紙來摸，會發現兩張紙摸起來的手感厚度不一樣，這就是造紙碾壓過程及加工的影響，設計師必須要了解。

　　在做設計時，如果要挑挺度較高的紙，可以選有壓花的美術紙。美術紙一般都有後加工，有些磅數不是很厚的紙張經過壓花後，會顯得比較厚挺。若要量紙張的厚度條數，就可使用量紙的工具（圖 1-9 刻度盤式測厚儀）。如果懂得條數與重量的關係，就可以從條數換算成紙張的磅數，需要這樣換算通常是拿到成品後，以量紙器工具計算條數後再換算成磅數，一般而言，比較難從已印刷完成的紙張去還原 500 張紙的重量，因此條數與磅數之間的關係，可用於驗證印刷廠是否使用正確的紙張厚度。

圖 1-9

5. 紙的紋理

在造紙的過程中，紙漿纖維會受到抄紙機的水流慣性運動作用，使得紙漿纖維的排列方向和抄紙機的運動方向保持平行，進而形成朝同一個方向排成有機的排列纖維，我們稱為「紙的絲流」，即是紙張中纖維排列的方向。紙張的絲流方向若平行於紙的長邊，稱之為縱紋紙，又稱為順絲流；平行於紙的短邊，則稱為橫紋紙，又稱為逆絲流。

絲流會影響彩色套印的精準度，縱紋紙遇水氣，其伸縮變形小於橫紋紙；裝訂成冊其絲流方向應該平行於裝訂邊或是摺線邊，這樣所裝幀成冊的書刊，翻閱的順暢性較高。在包裝盒印製條件中，一般絲流方向要平行於盒口，如此盒型才能方正、挺度強、承受力大，也適於堆疊陳列，如圖 1-10 所示。而鑑別絲流方向則有摺紙法、撕紙法、紙條法及濕紙法等，如右所示。

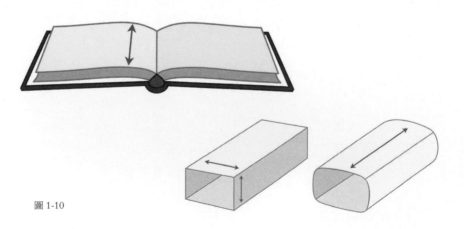

圖 1-10

紙張紋理鑑別方式

摺紙法

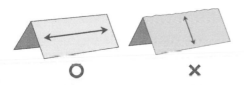

將所使用的紙裁切成小張，橫摺一次及縱摺一次，立刻可以從摺痕中觀察，摺痕較為平滑的方向即為絲流方向。

撕紙法

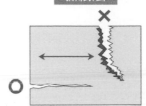

分別從紙的垂直與水平各撕開缺口，若撕痕較為平直且順手，此為與絲流方向平行 (附錄 1)。

紙條法

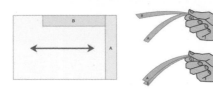

將紙的長寬兩邊各裁切等寬長的紙條，將兩條重疊並握住尾端後上下交換。由於絲流方向的硬度較大，若兩紙條分離，則上面紙條方向為絲流方向，若兩紙條密合則下面紙條方向為絲流方向。

濕紙法

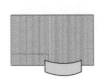

紙放在水面上或在紙面上塗上水，紙張捲曲的方向軸線必定與絲流方向平行。

6. 紙張規格

　　紙張規格與印刷機器有關，印刷機器有德國海德堡、日本三菱等，因為印刷系統的設備問題，紙的規格就有所不同。紙張有四六版 (43x31 英吋) 的全開紙，還有菊版 (25x35 英吋) 的全張紙 (圖 1-11)。日本的紙張稱為和紙，海報的規格大多為菊版 25x35 英吋，尺寸較小，而一般大型國際海報作品大多是採用歐規全開紙印刷，完成尺寸大約在 700x1000mm (B1)。一般而言，提到全開紙，不管是歐規還是日規紙張，指的就是還沒裁切的全張紙，裁一刀，一切為二，稱為對開紙，疊起來再裁一刀稱為四開紙，以此類推。雖然這是印刷廠的事情，但是設計師必須了解。

- 全開 (四六版)：41 x 34 英吋

　大陸稱「正度紙」：787 x 1092 mm

- 菊版 全張尺寸：25 x 35 英吋

　　　　　　　實際尺寸為 $23\frac{5}{8}$ x $33\frac{1}{8}$ 英吋，

　　　　　　　由國際規格的 A0 紙張對切，

　　　　　　　屬日本規格。

圖 1-11

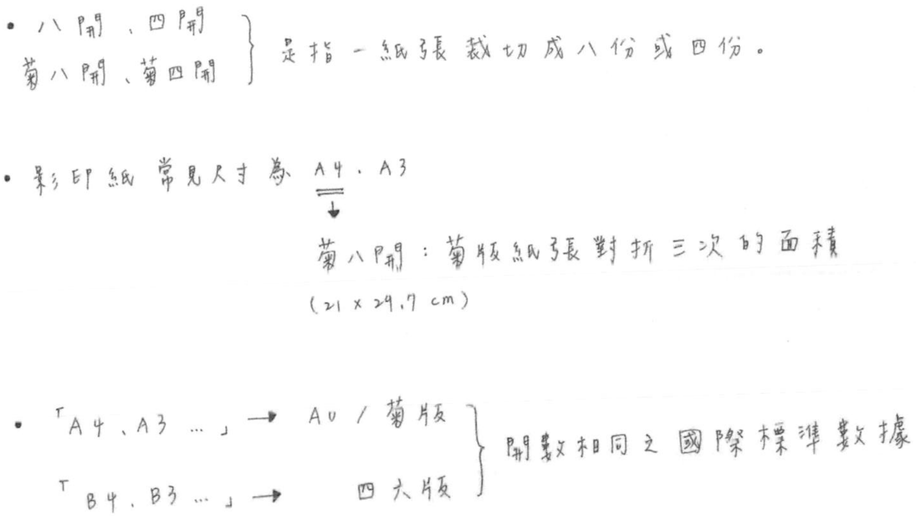

- 八開、四開
  菊八開、菊四開 ｝ 是指一紙張裁切成八份或四份。

- 影印紙 常見尺寸為 A4、A3
  $\Downarrow$
  菊八開：菊版紙張對折三次的面積
  (21 x 29.7 cm)

- 「A4、A3 …」 → A0／菊版 ｝ 開數相同之 國際標準數據
  「B4、B3 …」 →　　四大版

圖 1-12

　　全開的機器產能大，同樣的一本書如果以全開機印刷，台數可能少於菊版印刷機，成本與時間相對而言，更有優勢。若是如此，為什麼要有菊版的小機器？因為有些小面積的印刷品就適合使用菊版機器，例如：郵票或是精細的印刷品。影印紙最常使用的尺寸就是 A4 (210x297mm)，由菊版的規格去裁切出來；歐規的紙張就是 B，較菊版大，所以 B4 比 A4 大，原因就在此。為什麼要分 A、B 規格？影印機大量輸出國是日本，事務機器的規格影響到紙張規格，誰發明了影印機，誰就掌握了話語權。因此事務用紙的開數就以日本的規格來計算 (圖 1-12)。

紙張規格的制定也會影響到後續加工的作業，所有後加工的可操作範圍，一定不能超過 A、B 規格的最大範圍，因為機器的尺寸已定，所以誰先掌握資源，誰就掌握了話語權，設計同樣也是。塑料包裝上常可以看見回收標誌內有 1-7 數字 (圖 1-13)，是誰制定的？誰掌握了這話語權？

　　1988 年美國塑膠工業協會與美國國家航空暨太空總署 (NASA) 合作為了管理上千種的航太空業材料，因此制定了國際通用回收標章塑料分類的系統，從而沿用至今。NASA 自己不是食品產業，也不是塑膠產業，更不是因為消費者的環保需求而產生 1-7 的數字辨識 (附錄 2)，而是因為 NASA 本身及在採購物料上的需求，因此共同制定了這套數字辨識系統，之後也成為國際規格，這就是話語權的重要。

　　因此，如果能開發獨特紙張的尺寸，還能再開發特殊尺寸的印刷機，那就開創了紙張與印刷規格的話語權。

PET
聚乙烯對苯二甲酸酯

HDPE
高密度聚乙烯

PVC
聚氯乙烯

LDPE
低密度聚乙烯

PP
聚丙烯

PS
聚苯乙烯

OTHER
其他類

圖 1-13

7. 紙張開數

　　為求成本效益我們常聽到印刷的經濟數量，這一切得由紙張開數談起。我們會將紙張以最經濟合理不浪費的尺寸來裁切，紙張開數大多為偶數，難道不能奇數嗎？例如：三開、五開？當然可以，只是有點麻煩。目前最多是三開，也就是常說的長三開尺寸，就是將一張紙同樣方向裁切兩刀，變成三張。同樣道理也可以裁成長對開。斜對開呈梯形，可以嗎？當然也可以 (圖 1-14)。

　　讀木的用紙量很大，我們在規劃讀本的尺寸時，盡可能地使用一些制式的規格較為經濟，在後加工及編輯設計上多花些心思，也可以創造出不錯的裝幀成績。在附錄章節會提供一些常規書籍的開數參考表，方便在規劃書籍、雜誌刊物企業畫冊等時參考 (附錄 3~9)。.

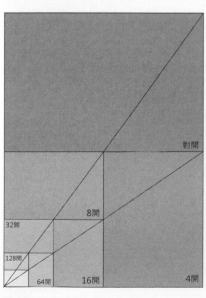
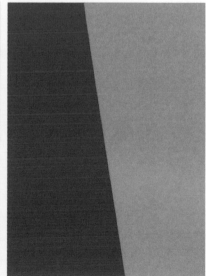

圖 1-14

菊版的印刷機器尺寸，必須大於紙張 25x35 英吋，大約是 27x38 英吋。印刷機是利用輪軸的原理，輪軸越小轉動速度越快、精準度越高。一般來說是以長邊為輪軸的寬幅，短邊為輪軸的圓周，因此紙張的長邊為咬口處，所以印刷機看印樣的工作平台上，有一把尺也是標記紙張的長邊達到 43 英吋。如果對印件效果不滿意，可以從對應的尺標上看出大概在輪軸的什麼位置，色太深或太淺，印刷師傅便可以找到對應的位置，並在工作控制平台上的電腦按鍵上做增減調整，印刷機就會自動在印版上增壓或減壓，即可達到局部調整顏色的深淺（圖 1-15 下方的紅色條狀窗口，每條 1 英吋寬，可以調控每單位的墨色濃淡，才可顧及全面品質）。

圖 1-15

8. 紙張開數表

印刷紙張尺寸在應用上分為「紙張基本尺寸」及「印刷完成尺寸」兩種。本書的附錄 10 為紙張開數速見表，如圖 1-16 所示，右下標示的是屬於菊版、左上標示則是屬於四六版，表格內的數字都是合開數、省成本的尺寸建議，中間交會的數字則是開數。如果開數旁有寫「方」字，即代表正方形尺寸。

例如：108 開即代表一張紙可裁切 108 張，換算出來的尺寸是 5x9cm，近似於名片的尺寸。如果想測算某個印刷成品的開數，手邊卻沒有丈量工具，就可以拿名片來排，若符合名片尺寸的倍數，即代表是合理開數。但印製名片時為什麼是以 100 張為單位計價？因為以 5x9cm 的尺寸來裁切，一張紙最經濟的裁切數量為 108 張，但是印製時的套準及校色過程中會有耗損，最後約為 100 張成品，所以就成了名片的傳統計價方式。

●紙張開數對應表

正度紙 四六版(B版) 78.7 × 109.2cm 31 × 43吋			54.6	36.4	27.3	21.8	18.2	16.0	13.6	12.1	10.9	9.1	6.8			
			53	35.3	26.5	21.2	17.6	15.1	13.2	11.7	10.6	8.8	6.6			
			21¼	14⅜	10¾	8⅝	7⅛	6⅛	5⅜	4¾	4¼	3⅝	2⅝			
			20⅞	13⅞	10⅜	8⅜	7	6	5¼	4⅝	4⅛	3½	2½			
			18	12	9	7.2	6	5.1	4.5	4	3.6	3	2.3			
			17.5	11.7	8.8	7	5.8	5	4.4	3.9	3.5	2.9	2.2			
78.7	31	26	B2 2 A2	3	4 長	5	6	7	8	9	10	12	16	20.5	24½	62.2
75.8	29⅞	25												19.6	23⅜	59.4
39.3	15½	13	B3 4 A3	6 方	B4 8 A4	10	12	14	16	18	20	24	32	10.2	12¼	31.1
37.9	14⅞	12.5												9.8	11¾	29.7
26.2	10¼	8.6	6 長	9	12 方	15 方	18	21	24	27	30	36	48	6.8	8⅛	20.7
25.2	9⅞	8.3												6.5	7¾	19.8
19.6	7¾	6.5	8 長	12 長	B5 16 A5	20 方	24 方	28	B6 32 A6	36	40	48	64 長	5.1	6⅛	15.5
18.9	7⅜	6.3												4.9	5⅞	14.8
15.7	6⅛	5.2	10	15 長	20 長	25	30 方	35	40	45	50	60	80	4.1	4⅞	12.4
15.1	5⅞	5												3.9	4⅝	11.8
13.1	5⅛	4.3	12	18	24 長	30 長	36	42	48	54	60	72	96	3.4	4	10.3
12.6	4⅞	4.2												3.2	3⅞	9.9
11.2	4⅜	3.7	14	21	28	35	42	49	56	63	70	84	112	2.9	3½	8.9
10.8	4¼	3.6												2.8	3	8.5
9.8	3⅞	3.1	16	24	32 長	40	48	56	B7 64 A7	72	80	96	B8 128 A8	2.5	3	7.8
9.4	3⅝	3.1												2.4	2⅞	7.4
8.7	3⅜	2.6	18	27	36	45	54	63	72	81	90	108	144	2.2	2¾	6.9
8.4	3¼	2.7												2.1	2½	6.6
7.8	3	2.6	20	30	40	50	60	70	80	90	100	120	160	2	2½	6.2
7.5	2⅞	2.5												1.9	2¼	5.9
6.5	2½	2.2	24	36	48	60	72	84	96	108	120	144	192	1.7	2	5.1
6.3	2¼	2.1												1.6	1⅞	4.9
			14.4	9.6	7.2	5.7	4.8	4.1	3.6	3.2	2.8	2.4	1.8	大度紙 菊版(A版) 62.2 × 87.6cm 24½ × 34½吋		
			13.8	9.2	6.9	5.5	4.6	3.9	3.4	3.1	2.7	2.3	1.7			
			17¼	11½	8⅝	6⅞	5¾	4⅞	4¼	3⅞	3⅜	2⅞	2⅛			
			16½	11	8¼	6⅝	5½	4¾	4⅛	3⅝	3¼	2¾	2			
			43.8	29.2	21.9	17.5	14.6	12.5	10.9	9.7	8.7	7.3	5.4			
			42	28	21	16.8	14	12	10.5	9.3	8.4	7	5.2			

■ 紙張基本尺寸

□ 紙張完成尺寸

▲ 使用開數說明

❶ 內框「2、8、16⋯」＝紙張開數

❷ 註記「B2、B3、B4⋯」＝四六版開數相近的國際標準數據

❸ 註記「A2、A3、A4⋯」＝菊版開數相近的國際標準數據

❹ 註記「長、方」＝開數習稱長開或方型的格式

❺「紙張基本尺寸」＝未扣除印機咬口之裁修前尺寸

❻「印刷完成尺寸」＝已扣除印機咬口之裁修後尺寸

圖 1-16

9. 紙張用量計算

　　印刷的「經濟量」，也就是印刷基本成本攤提後的成品數量。
經濟量是指四個色版 (CMYK) 在印刷機器上跑印 1 張跟跑印 500 張，
都是一樣的印工費用，這是最基本的成本。

　　在印版與印刷不可變的成本之下，能調節的變數就是紙張的數
量，紙的最基本量就是 500 張，如此換算下來，經濟量也就計算出
來了。但經濟量也是有個伸縮範圍，雖然紙張一令為 500 張，但實
際上 500 張不可能完全用於印製成品，因為印製過程有耗損，所以
要加上「裕量」，占比大約 2%，才是真正的總用紙量 (圖 1-17)。

基本用紙量	裕量
不考慮印刷量的用紙情況下，如果要印 500 張對開海報，所需要基本用紙量為 250 全紙。	校版或印後加工的耗損。一般印件 1 台印刷機耗損約 150~250 張紙，精緻印鑑則是耗損 250~300 張。

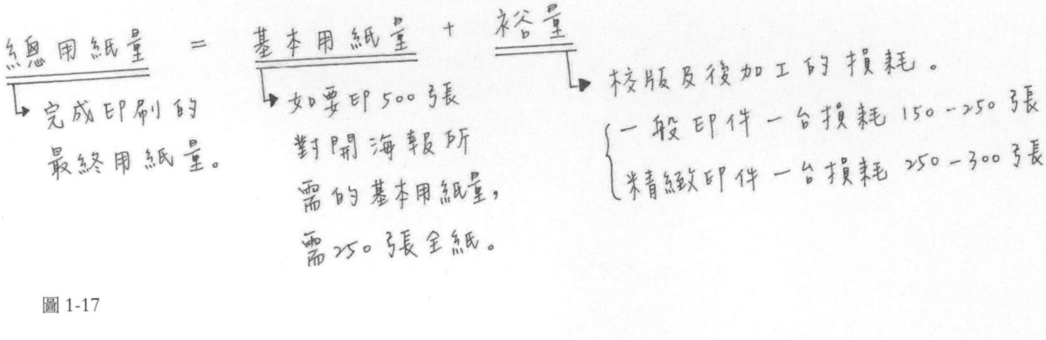

總用紙量　=　基本用紙量　+　裕量

↳ 完成印刷的　　　↳ 如要印 500 張　　　↳ 校版及後加工的損耗。
　最終用紙量。　　　對開海報所
　　　　　　　　　　需的基本用紙量，　　　{ 一般印件一台損耗 150~250 張
　　　　　　　　　　需 250 張全紙。　　　 { 精緻印件一台損耗 250~300 張

圖 1-17

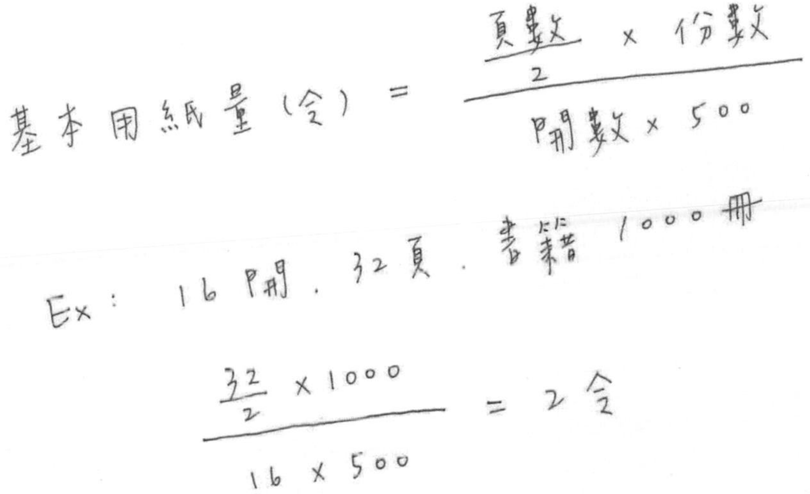

$$基本用紙量（令） = \frac{\dfrac{頁數}{2} \times 份數}{開數 \times 500}$$

$$Ex：16 開．32 頁．書籍 1000 冊$$

$$\frac{\dfrac{32}{2} \times 1000}{16 \times 500} = 2 令$$

圖 1-18

10. 印刷用紙計算公式

　　紙張可以雙面印刷，假設一本畫刊是 32 頁，除以雙面印刷等於 16 張（頁），再乘以份數，就知道所需紙張用量。如果畫刊尺寸是 16 開本，32(頁)/16(開數)x500(本)/500(1 令)，即可算出基本用紙量為 2 令。因此頁數、印刷量、開數是變量，計算出基本用紙量之後必須再加計放損裕量 (每廠家計算不同)，才是紙張的正確用紙總量 (圖 1-18)。

提案講創意，那屬於「說服」的過程，但如果能提出數字與客戶溝通，那就是「收服」的過程。若是能夠在提出創意的同時提供客戶成本的概念，通常過關的機率相對會增加。因此，設計師必須懂得如何計算製作費、如何在有限成本內做最好的表現、如何符合開數不浪費等，這些很理性的溝通也是設計師專業的一面。

　　客戶常會在提案過程中詢問：「設計師喜歡哪個方案？」「喜歡」這件事基本上很主觀，沒有道理，如果剛好與客戶選項相同，那就皆大歡喜；如果設計師喜歡的方案與客戶不同，那就陷入糾結的狀態，這時候若能輔以理性客觀的成本、製作、效益來溝通，結論的產出會更為理性迅速。

　　學會基本的紙張辨識或是基本用紙量及印刷成本的計算，掌握提案在落地後的成本概念，或許提出的設計方案會較務實而被接受。我向來倡導設計是科學的、理性的，本書附錄 11 提供「印刷品重量及用紙量換算公式」給各位，可上雲端下載「印刷品重量及用紙量換算公式」Excel 表。

印刷品重
量及用紙
量換算公
式 Excel

1-4　設計紙責

　　國際通商有許多規範，有些國家有環保政策，進出口會有條件限制，用以設定貿易的門檻。這些規範就是國際上的共識，符合國際規範才是良善的設計，也是對設計良知的考驗。20 世紀末世界人口突破 60 億，伴隨全球暖化的議題及環保浪潮的高漲，背後更隱藏了資源分配的問題。已開發國家提倡節能減碳，而在做環境評估的同時，為兼顧經濟發展不得不投入永續能源，例如：太陽能、風能等之開發。此外，為了監管維護有限的森林資源 (尤其在第三世界國家濫墾濫伐問題嚴重)，便開始有了 FSC 森林管理委員會 (Forest Stewardship Council) 的創立。

　　FSC 國際聯盟有明訂的制度，若造紙廠自行砍樹造紙，就必須同時種植一定比例的樹苗，這樣 FSC 就會給予認證，這是屬於國際性的進出口認證標準，但如果沒有取得該認證，可能某些國家就會不接受進口，這些都是屬於管制的方法。因此，有些紙廠為了打入國際市場，就不得不改善自己的生產環境與條件以符合國際規格，認證制度對於環境一定有好處，這是永續的經營。那經過 FSC 認證的紙特別貴嗎？答案是不會的。從設計端開始自我要求，在追求商業利益之餘，還能對環境保護盡一份心力，這才是良善設計師的作為。目前許多人尚不明瞭 FSC 的意義及功用何在，其與切身的印刷、設計產業比較有關聯的地方，是如何在出版物或包裝上合法並有效地置入 FSC 標章，聲明擁護環保的決心，同時提升企業形象。我們且看以下的相關說明。

圖 1-19

1.FSC 與造紙

　　森林管理委員會 (Forest Stewardship Council，FSC)，是一個獨立、非營利、非政府的機構 (圖 1-19)。它的成員來自環保及社服團體、木材與森林產業，以及世界各地的林業組織。FSC 所經營的全球性森林認證系統分成兩方面：森林驗證 (Forest Management Certification) 和林產品產銷監管鏈驗證 (Chain of Custody Certification)，為的是確保林產品 (含紙張) 從來源到用戶端之產銷過程皆可供追查，以符合森林管理、環境永續的宗旨。

　　全球約半數的木材資源被用於生產各種紙張，例如：面紙、衛生紙、紙巾、各種包裝紙、影印紙、報紙、雜誌紙等 (資料來源：世界自然基金會)。而造紙與印刷產業的需求對於森林管理的方式有絕大的影響力，透過指定使用 FSC 認證紙張，不但肯定森林管理的有效價值，而且保證貴公司的採購行為不致於破壞地球資源之永續。

2.FSC 驗證的利益

　　包括三個要項：

❶ 提升產品附加價值，並賦予可供檢驗的社會與環保品質。

❷ 證明貴公司關切客群以及員工的環保訴求。

❸ 在環保訴求日益高漲的現實社會，有效地迎合市場變動。

3. 如何選用 FSC 紙張

　　許多機構已著手制定木材與紙品的使用規範，此一政策將影響到所有指定用紙的企劃。明定用紙的方針是一個能使大家明瞭何種紙張可被接受的好方法，無論是行政人員的影印紙、行銷部門的型錄以及生產人員所用到的任何外購紙張等，都要確保符合 FSC 的規範。

4. 誰需要 FSC 監管鏈 (CoC)

　　例如：漿廠、造紙廠、紙品加工廠、家用紙生產者、紙器廠、紙行與進口商、出版業者與印刷廠等。事實上，舉凡有需要在商品上標明 FSC 驗證作為行銷手段者，或聲明其企業體皆採購使用經過驗證的商品 (如企業年報)，都需要進入監管鏈 (CoC, Chain of Custody)，以表明其支持環保的決心，畢竟環保不能只是喊口號！很簡單的一個原則：假如您擁有紙漿或紙張，那麼您就得通過 CoC 驗證，否則監管鏈會中斷您的下游廠商，便不能聲稱其產品是通過驗證的。

> **產銷監管鏈**
>
> **(CoC, Chain of Custody)**
>
> 　　是指原材料從 FSC® 認證的來源採伐，經加工、製造、銷售、印刷到成品完工、銷售給最終消費者的路徑。

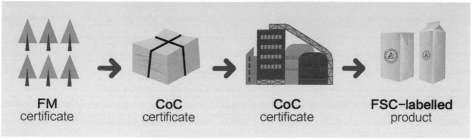

FM certificate　　**CoC** certificate　　**CoC** certificate　　**FSC-labelled** product

圖 1-20

5. 如何才能聲稱刊物使用 FSC 認證紙張？

在刊物上作一個 FSC 用紙的聲明和在一張書桌貼上 FSC 標籤，所要求的條件完全相同，傳達的訊息也一致。此物品通過 FSC 驗證，無論刊物屬於何種性質、用途、篇幅、效果都一樣。總之，就如同其他經過驗證的商品一般，FSC 標章便只能被使用於有效的 CoC 驗證之上。換句話說，假如其中有任一製程脫離出 CoC，您便不得使用 FSC 標章。

6. 何謂 FSC 聲明？

在任何商品上或促銷物品上使用 FSC 標章 (包括字體及小樹)，如圖 1-21 所示。宣稱其產品通過驗證或使用經過驗證的原物料。在印刷品上的聲明有兩種，使用完整的產品標籤或簡易型標籤。有關 FSC Labels 之更多訊息請上網站 (www.fsc-uk.org)。

而要發行合法 FSC 及有效聲明的刊物 (在版權頁或封底上聲明)，共有以下三種方式：

圖 1-21

❶ 交由 FSC 認證的印刷廠

這是最簡易的方法，世界各國都有FSC驗證合格的印刷廠，
或者鼓勵現有的協力印刷廠去取得 CoC 驗證，這對許多已
有內部控制制度的廠商來說，並不會有很大的難度。對客
戶本身而言，唯一要留意的是：當下單給合格驗證的印刷
廠時，記得要清楚地要求印件必須使用有驗證紙張（具備
有效的認證書）並在其上作聲明，以下的一段文字可被引
用作為印刷工單上的附款：「我司謹此要求本印件在認可
的監管鏈之中使用FSC驗證紙張，請與我方的設計師連絡，
確認合法並正確地使用 FSC 標章。」（正確的聲明）。合格
的印刷廠會就標章的圖稿先取得驗證機構的認可，才進行
下一步製版等事宜，或委由同廠的設計部門專案處理。

❷ 取得自有的出版商 CoC

第二種合法聲明的方法是全程自我掌控，也就是申請並取
得出版商驗證。在這種情形之下，身為合格的出版商便必
須為其任何出版品上之 FSC 標章的使用負全責。假如出版
商無設計部門，還需要建立外包機制，以約制協力印刷廠
和設計師，同時紙張採購也須納入監管鏈。這對許多出版
商而言，好處是可利用現有配合的印刷廠（或許尚未取得
驗證），或者不同刊物交由不同印刷廠負責。

③ 外包給有認證的紙商 (Certified Merchant)

在這種情形下，擁有認證的紙商從交付紙張給印刷廠一直到印製完成為止，仍需保有該批紙張所有權，以防監管鏈中斷。合格紙商亦可受託在印件上作聲明，但同樣地，出版者不能透過印刷廠採購紙張（假如承印者無認證），其所有權直接從紙商移轉至用戶身上。欲承接外包的印件，紙商必須在 CoC 中內建完整的外包規範，並且明白販售 FSC 認證紙張以及宣示合法有效的聲明，所需具備的條件。

以下的一段文字可引用作為紙張採購單上的附款參考：「我司欲訂購 FSC 驗證紙張，以印製＊＊＊＊（書名或文件名稱），並於其上使用 FSC 標章聲明。請與我方的設計師連絡，確認其合法性。」紙商將 FSC 聲明付印之前，需先取得其驗證機構的核可，以確認該聲明之有效性。

7. 不斷研發的新標準

FSC 不斷地致力於印刷與出版業 CoC 規範之演進，配合 FSC-STD-40 004 之章則，2006 年起針對短期印件、註冊商標以及標籤，版權頁的聲明將有更先進的準則會發佈。有關 FSC 標章的使用，詳細說明請連結 www.fsc.org 網站，在首頁上找到 Business Area，然後點入 Use the Logo 即可（本文譯自 FSC UK 網頁之 Document Centre)。

森林是地球最好的包裝，在 1992 年的聯合國環境與發展大會上，環境非政府組織最先提出了森林認證這一概念，森林概念作為促進森林可持續經營的一種市場調節工具開始逐步發展起來。通過 FSC 認證的森林，採取合理的採伐計畫，維護森林天然生長更新、保護森林的生態環境、實現科學管理，讓環境和經濟得到雙重收益。

中國的 FSC 林區主要分布在黑龍江、河北、江蘇、浙江、安徽、福建和廣東等省市。2008 年，面積位列全國第三的福建永安林區在利樂包公司與世界自然基金會 (以下簡稱 WWF) 的支持下獲得 FSC 認證。從 2010 到 2014 年，利樂包公司與 WWF 堅持不懈地支持騰沖林業局完善了林場可持續性規範，其中包括邀請專家對其相關人員進行培訓，協助騰沖林業局進行森林經營方案的編制和判定，並保護具高保護價值的森林，推動當地林場最終通過 FSC 認證標準的檢驗。

可持續的森林經營對森林生態系統保護帶來稱極影響，森林的可持續管理和發展，對整個產業鏈的可持續發展和我們的生存環境都非常重要。消費後再回收並友善的再生是企業的責任，更需要設計師及消費大眾的共識參與，我們始終關注自身服務隊環境和社會的廣泛影響，消費後回收正是對我們未來的投資。

通過讓消費後的飲料紙包裝重獲新生，利樂包公司為保護自然資源、降低氣候影響和促進小區發展做出貢獻。消費後回收是環保議程的重要組成部分。利樂包公司設定了 2020 年環保目標，即將飲料紙包裝的回收率提高至 40％。該公司一直致力與當地的塑料和紙包裝企業合作，將紙包裝回收經專業的分離技術回收及再利用，已達成可持續性與共生的企業理念，並以切實地將回收處理的原料製造出可再用的紙品。圖 1-22 是它所製造的紙質資料夾，手感及印刷表現都很好 (圖源為利樂包公司)。

圖 1-22

(1-5) 選對紙

從一開始的章節到現在，我們介紹了紙的特質、紙的纖維絲流、紙的厚薄、紙的開數及印刷適性，以下我們進入實際案例解析，以實際落地的成品來說明各種紙質在設計上的應用，由目前市面上流通較大量的紙品開始。

銅 版 紙 類
Copper Printing Paper

銅版紙又稱為 Art Paper，它是一個舶來品的俗名。這種紙是在 19 世紀中葉，由英國人首先研製出來的一種塗佈加工紙。把又白又細的瓷土等調合成塗料，現在改為白明膠、酪素與礦物性白色料等，均勻地刷抹在原紙的表面上 (塗一面或雙面)，將造出的模造紙質，經由銅製成光亮平滑的滾輪加熱，將模造紙質的纖維滾壓數次，越滾越密實，上面再塗佈化學粉劑壓滾、越來越光亮平滑，加熱加壓便製成了高級的印刷紙。經滾壓後分微塗、輕塗、特銅、鏡銅等，都是在碾壓過程中後加工的處理工序。

微塗、輕塗佈的紙張是在模造質感紙張塗布微量的粉，與非塗佈紙張很近似，但印刷折射效果比非塗佈紙較好，摸起來較有手感且閱讀舒適，顏色也不會像模造紙吸墨很重，或是犧牲很多中間色階與色調，顯色度及反射度相對而言較好，例如：雜誌或讀本。

其實，Art Paper 在中國 30 年代曾譯作美術紙（直譯）。因為當初在歐洲拿這種紙來印刷精美的名畫時，曬製所用的是銅版腐蝕的印版。所以依據以用途命名的慣例，把用於銅版印刷的美術用紙叫做銅版（印刷）紙。銅版紙是目前市場上最常用的紙張，銅版紙是在模造紙抄紙完成後再經過熱銅輾壓後再加上化學塗佈，色彩呈現度最忠實、挺度夠、印刷效果好、濕度變化比較穩定。

圖 1-23

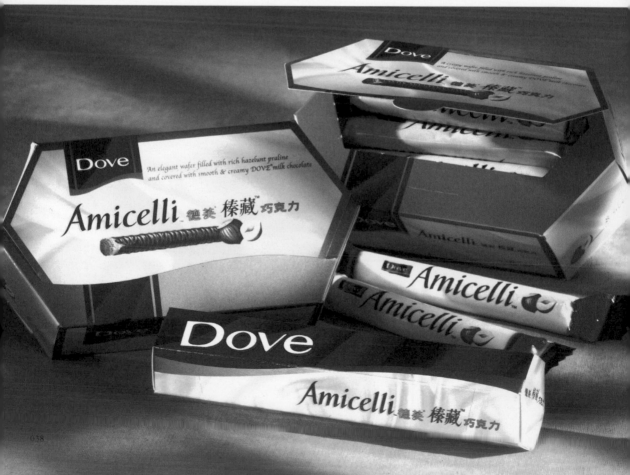

銅版紙的分類

單面銅版紙

單面塗佈壓光，表面光滑，適合標籤及單面印刷物。

雙面銅版紙

雙面塗佈壓光，印刷效果精美鮮豔，用於書籍、畫冊、型錄、年報、海報等彩色印刷。

特級銅版紙

比上述銅版紙優，提供高品質彩色印刷，如雜誌、海報、型錄、DM、畫冊、書刊、月曆。

雪面銅版紙

經粉面塗佈特殊處理，細緻、柔和、不反光，適合國畫、書籍、雜誌、畫冊。

壓紋銅版紙

經特殊壓紋處理，具有立體效果，專供高級書籍、畫冊或表現特殊質感效果的彩色印刷。

鏡面銅版紙

分為單面或雙面，是最高級的印刷用銅版紙，印刷效果有如上光般亮麗，用於高級海報、型錄。

銅版紙

銅版紙的特點是表面強度高，平滑度高且光澤反射感強，對印刷的油墨有較大的拉力，所以廣泛用於高級印刷品上。

微塗紙

微塗、輕塗佈的紙張是在模造紙上微量的粉，與非塗佈紙張很近似，且觸摸有特別的手感、閱讀舒適，印刷折射效果比非塗佈紙較好。

模造紙類
Simili Paper

　　模造紙是抄紙完成的初胚，紙張尚未漂白，還略帶紙張較粗的纖維質感，常見用以雜誌。紙張不會太白，因此印上黑色或深灰色文字，閱讀起來不至於太疲勞，也不至於太厚，印製成冊不會有重量上的負擔。模造紙類大致可分為以下幾類：

　　大家印象中的手提袋是牛皮紙袋，但是牛皮紙材質很貴，因此如果不需太高的承重量，模造紙類是很好的牛皮材質取代物。模造紙本身比較粗糙，磨面較強，較有利於黏貼，有較強的黏著力。相較於上述的銅版紙較為光滑，且不利於黏貼複合。有些以銅版紙印製的包裝盒為了便於黏貼，會在黏貼處打斜線（如右圖），打斜線的作用在於破壞紙張表面張力，上膠之後可以提升黏著牢靠度。因此，了解紙張與工藝的結合可以解決某些材質本身的缺憾。

圖 1-25

模造紙的分類

雜誌紙

輕量塗佈壓光之印刷書寫紙類，是目前雜誌最常使用的紙種。

模造紙

白度佳、印刷清晰。適合印製書籍簿冊雜誌及書寫用紙，用途極廣。

畫刊紙

直接於紙表面塗布加工之印書用紙，適用於彩色、套色、單色劃刊印刷用。

壓紋模造紙

輕微量顏料塗布及壓光，改善紙面均勻性及提高平滑度，並提高紙張托墨性，供劃刊印刷用。

道林紙

化學木漿及機械木漿製造，供書寫印刷用。以化學漿為主，抄造而成的印刷書寫用紙，是目前文化出版、印刷裝訂最常用紙種之一，其添加染料呈現不同紙色，如藍白道林紙及米色道林紙。

印書紙

專供印刷書冊之模造紙類，因考慮保護眼睛，紙張多帶淺米黃色，特性與一般模造紙大致相同。

特 殊 用 紙
Special Paper

　　有些特殊紙是在抄紙完成之後，以後加工的方式來產生獨特的紙張質感，也有些是在抄紙原料內加入所需原料或介質來加工生產，透過此種加工方式所產生的紙張，使得紙張原本的肌理與毛細孔被破壞，因此，為了穩固著墨度，此類紙張建議以 UV 油墨來印刷，速乾、不背印，色彩飽和度高、顯色度佳。

　　UV 油墨可以理解為將壓克力顏料稀釋後使用，印的時候為了達到速乾，需利用紫外線的光源快速照射。紫外線照射有一定的熱度，容易導致紙張捲曲，因此 UV 油墨印刷的紙張不宜太薄。但是，這類的紙張及油墨被歐美國家禁止使用，也不准進口，更嚴禁於直接接觸食品的包裝印刷上。例如：圖 1-26 的塑膠片印刷，雖然製版方式與平版印刷一樣，但一般的四色油墨無法印製，所以表面光滑的材質，印製必須要用 UV 油墨。

圖 1-26

一個國家的包裝可以顯示出國家的工業水平，不是指設計師有多厲害，而是整個包裝供應鏈、技術鏈、材料鏈有多成熟，才能提升整體的設計水平。機器設備與材料都可以引進國外最高等級，但是技術與 Know-how 卻不見得能平行植入，再加上印製廠與設計師對於技術與環境的了解與善待，這些軟硬體都是環環相扣的產業鏈，如圖 1-27 採用珠光紙，印上油墨就會呈現金屬感，在禮盒的展示效果上很特殊。

圖 1-27

卡 紙 板
Card Bristol Paper

從廣義來講，包含紙張和紙版，但要如何辨別兩種差別呢？大多數情況下可直接從紙張的外觀色澤加以區分，紙板的正面平滑度高，光澤度好，白度也高，而紙板的反面與正面存在著明顯的差異，特別是顏色方面更為顯著。一般來說，紙板相對於紙張而言，挺度大、抗彎曲能力強，但紙板經折疊後折痕明顯，有時甚至在折痕處產生明顯的裂痕 (圖 1-28)。

圖 1-28

卡紙板的分類

單面塗佈白紙板	白底銅版卡紙	鑄塗白紙板
單面塗佈白紙板是原紙板上塗布白色塗料後，經修飾加工製成的加工紙板。	挺度夠，比銅版紙更好，可應用於書的封面或書套。	鑄塗白紙板是以單面塗佈白紙板為原紙，經過鑄塗加工而製成，它比單面銅版卡紙及單面塗佈白紙板在各方面性能上都更勝一籌。

瓦楞紙
Corrugating Medium Paper

　　瓦楞紙板是指瓦楞原紙在瓦楞紙板機上加工成瓦楞狀，再以膠黏劑與箱紙板黏結在一起而形成的多層紙板。其上下兩個面層稱為裱面紙板，有時也細分為內面紙和外面紙，中間的成瓦楞狀的一層稱為瓦楞芯紙，中間一層是平板紙，通常稱為「夾芯紙」或「夾層紙」。面紙常用的材料為被裱面紙板或箱紙板，瓦楞芯紙和夾層紙使用瓦楞原紙。瓦楞有 A、B、C、D、E、F 類型 (圖 1-29)，主要用於緩衝、工業用運輸包材上，詳見附錄 12。

楞型		A flute (A楞)	B flute (B楞)	C flute (C楞)	E flute (E楞)
瓦楞紙厚度 (mm)		4.7±0.3	2.7±0.3	3.7±0.3	1.1～1.4
每30公分瓦楞數		34±2	50±2	40±2	85～97
平板物性	緩衝性	優	可	佳	－
	平面壓縮強度	可	優	佳	－
	垂直壓縮強度	優	可	佳	－
紙箱耐壓強度		優	可	優	－
特性		高而寬,富彈性,緩衝功能佳,耐壓強度高	低而密,耐平壓強度高,多層推疊效果較差	厚度介於AB之間	最薄,耐平壓強度最佳

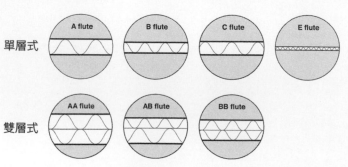

圖 1-29

紙箱的材質是用瓦楞紙加裱而成，瓦楞紙屬於工業用紙，其功能是防護箱內產品。表面材質較粗糙，所以在印刷上都採用橡膠凸版來印製，只能以線條或簡單的圖樣來表示，無法達到精美彩色的境界。紙箱通常都用水性油墨來印刷，所以不會採用大面積滿版的設計方式來印，若大面積採用水性油墨來印製會破壞瓦楞紙的材質，就如同在紙上大量地潑水一樣，會導致瓦楞紙失去防護實用的功能。

坊間常用的瓦楞紙箱分為白牛皮色（白紙板）及黃牛皮色（黃紙板）兩種，在選擇印刷顏色時需注意所選的顏色印在白紙板及黃紙板上的色差，以免影響設計創意。有些油墨供應商會自行出版瓦楞紙箱專用的水性油墨色票本，上面會標示同一個顏色印在白黃牛皮紙上的差異色以便設計師使用（圖1-30）。

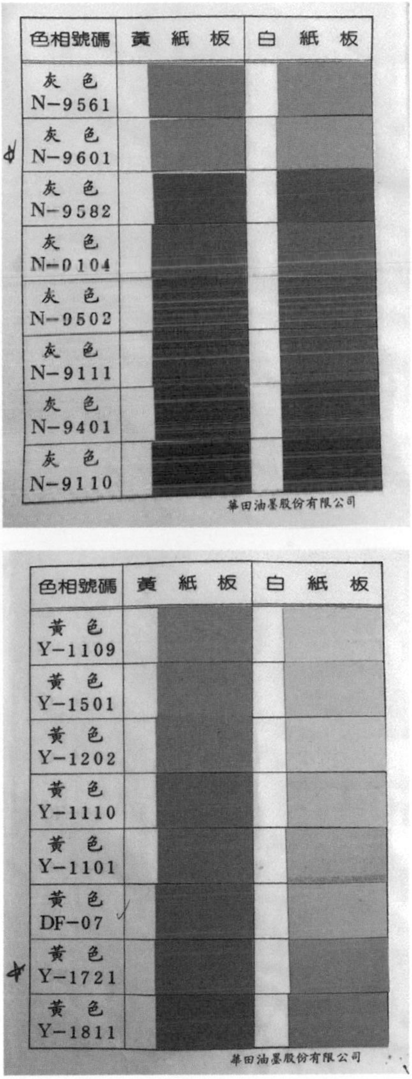

色相號碼	黃 紙 板	白 紙 板
灰 色 N-9561		
灰 色 N-9601		
灰 色 N-9582		
灰 色 N-0104		
灰 色 N-9502		
灰 色 N-9111		
灰 色 N-9401		
灰 色 N-9110		

華田油墨股份有限公司

色相號碼	黃 紙 板	白 紙 板
黃 色 Y-1109		
黃 色 Y-1501		
黃 色 Y-1202		
黃 色 Y-1110		
黃 色 Y-1101		
黃 色 DF-07		
黃 色 Y-1721		
黃 色 Y-1811		

華田油墨股份有限公司

圖 1-30

聖經紙、字典紙
Oxford India Paper

　　一本字典或聖經上千頁，若用一般平張機能印紙的磅數，印製成品的厚度與重量很不實際。聖經紙薄到略為透光、延展度佳，是相對專業的紙張，也有稱之為「洋蔥紙」，這種紙張很少用於彩色印刷，因為紙張薄，經不起多次印製拉伸及加工。再者，因為紙張輕，如果是一張張吸進印刷機內，紙張可能亂飛，因此大多為捲筒狀。聖經紙是以木漿、麻、棉等紙力高之纖維漿製造，基重約在 $20\sim40\mathrm{g/m^2}$，含有大量二氧化鈦填料，紙質輕、不透明度高、專供印製聖經及辭典使用 (圖 1-31)。

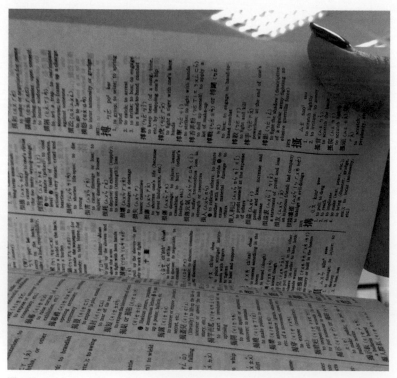

圖 1-31

圖 1-32

美 術 紙 類
Art Paper

　　通常為歐規紙系，有書寫、薄卡、厚卡三大類。在規劃企業
形象的名片、信封及信紙的用紙中自成一套系統，在歐洲國家的概
念，用紙必須成一家族系統，這三種厚薄的紙張大多可以應付企業
的文宣用紙，所以厚卡可用於名片、文件夾等，書寫與薄卡分別用
於信紙與信封，書冊濕裱的裱材也可採用薄卡。

- 書寫 (Writing)：$75g/m^2 \sim 90g/m^2$ 之間
- 薄卡 (Text)：$110g/m^2 \sim 160g/m^2$ 之間
- 厚卡 (Cover)：$170g/m^2 \sim 350g/m^2$ 之間

牛皮紙
Kraft Paper

　　牛皮紙泛指用作包裝之紙類，牛皮紙質因有強韌的特性並可承載重量，所以很適合用於重複使用的紙提袋 (圖 1-33)。例如：水泥袋紙、夾層柏油紙、袋用牛皮紙等，其表面常用未漂硫酸鹽木漿製成，又可分成：粗面、壓光、特級牛皮紙，以顏色可區分為：白牛皮、赤牛皮及黃牛皮。

　　白牛皮可以印彩色、黃牛皮建議用套色印刷，白、黃牛皮紙對於顯色差異很明顯，在不同色度的牛皮紙上印製相同色號的顏色，顯色有明顯的落差。因此，如果對顏色有嚴格要求，勢必要依據牛皮基材的顏色做色號上的校正 (圖 1-34)。

圖 1-34

白牛皮

赤牛皮

黃牛皮

圖 1-33

合 成 紙
Synthetic Paper

　　合成紙是利用化學原料如烯烴類再加入一些添加劑製作而成，具有質地柔軟、抗拉力強、抗水性高、耐光耐冷熱、並能抵抗化學物質的腐蝕又無環境污染、透氣性好，廣泛地用於高級藝術品、地圖、畫冊、高檔書刊等的印刷。

1 聚丙烯 (Polypropylene，簡稱 PP)

　　是一種半結晶的熱塑性塑膠。具有較高的耐衝擊性，機械性質強韌，抗多種有機溶劑和酸鹼腐蝕。在工業界有廣泛的應用，包括包裝材料、標籤、紡織品 (繩、保暖內衣和地毯)、文具、塑膠部件和各類型可重複使用的容器，實驗室中使用的熱塑性聚合物設備，揚聲器、汽車部件和聚合物紙幣，是常見的高分子材料之一。

2 聚乙烯 (Polyethylene，簡稱 PE)

　　是日常生活中最常用的高分子材料之一，大量用於製造塑膠袋，塑膠薄膜，牛奶桶的產品，也是白色污染的主要原因。聚乙烯有以下幾種分類：

● 高密度聚乙烯 (HDPE, High Density Polyethylene)

又稱低壓聚乙烯，主要用於製造各種射出、吹塑和擠出成型製品，高密度聚乙烯的高度結晶，因此外觀上也就呈現出不透明的狀態，並且硬度也更高，甚至有點脆生生的感覺。正是因為高強度、不怕摔而且不透光，奶製品常常偏好此種塑膠。這種塑膠耐水耐油性都非常出色，因此適應性很廣。一般攝氏 100 度以上才會容易變形。這種塑膠還特別耐酸、耐鹼及耐腐蝕，所以工業中也是應用極為普遍，而在塑膠分類標誌中的代碼是 2(圖 1-35)。

圖 1-35

- 中密度聚乙烯 (MDPE, Medium Density Polyethylene)
  可用擠出、注射、吹塑、滾塑、旋轉、粉末成型加工方法，生產工藝參數與 HDPE 和 LDPF 相似，常用於管材、薄膜、中空容器等。產品用於高速成型各種瓶類、高速自動包裝薄膜、各種注塑製品、旋轉成型品、電線電纜包覆層、防水材料、水管、燃氣管等。

- 低密度聚乙烯 (LDPE, Low Density Polyethylene)
  低密度聚乙烯通常使用高溫高壓下的自由基聚合生成，由於在反應過程中的鏈轉移反應，在分子鏈上生出許多支鏈。這些支鏈妨礙了分子鏈的整齊排布，因此密度較低。LDPE 的透明度比較高，所以我們日常生活中主要在保鮮膜、塑膠袋等方面。耐油性耐水性比較低。在塑膠分類標誌 (LDPE) 代碼是 4(圖 1-36)。

圖 1-36

- 線性低密度聚乙烯 (LLDPE, Linear Low Density Polyethylene)
  同樣也是利用 Ziegler-Natta 觸媒聚合而成；但是含有共聚
  物。通常是 1- 丁烯、1- 己烯、1- 辛烯、4- 甲基戊烯 -1。
  物性介於高密度聚乙烯與低密度聚乙烯之間。常見的應用
  包括各種食品包裝、工業包材、射出成型、滾塑、淋膜等。

3 泰維克 Tyvek (大陸譯為「特衛強」)

是杜邦公司二百年來「科學奇跡」中的一項重要發明，它
誕生於上個世紀 50 年代，是採用杜邦公司獨有的閃蒸法
工藝製成的一種高密度聚乙烯材料，集合了防水、透氣、
質輕、強韌、耐撕裂、耐穿刺、防菌、防蟎、防塵、高反
射率及抗紫外線，易於印刷加工，環保可回收等，諸多優
秀的材料特性於一身。具有良好的防風、防雨特性且舒適
透氣，能提供基本的戶外防護。其克重只有同樣厚度及面
積紙張的一半，而且摸上去也就像紙一樣輕薄，經得住多
次連續折疊或彎曲而不會破損或斷裂，是一種極輕質、高
抗撕裂強度的材料。

在日常穿著時，不會因為磕磕碰碰而輕易造成破損，非常耐
穿、耐候性，不僅不會輕易黏染空氣中的灰塵、污垢，還有出色的
防腐爛、防霉變特性。至於清洗，如果只是少量污垢，可以嘗試用
濕布擦拭；整體清洗則建議手洗，即使反覆清洗或放置在潮濕的環
境里，衣物上的圖案印花也能保持完好無損。圖案持久如新、特殊
紋理打造「個人」屬性，兼容大部分印刷技術，為這些五花八門的
圖案設計提供可能性。只要使用耐候性好的印刷油墨，這些圖案也
不易褪色、缺失，可以長久保持亮麗如新。

Tyvek 大致可分為「硬」和「軟」兩種結構類型。「硬」結構質感像紙，而「軟」結構質感像布，觸感柔軟，表面有凸起的紋路、同時具備抗撕裂性，也具有很高的不透明度及很好的表面穩定性，也可以進行縫紉、黏合，甚至可以超聲波黏合，也可以印刷，只是相比硬結構的產品要求更嚴苛一些，是眾多應用的理想選擇，例如：夾克、護套、罩、戲服、劇院佈景、兒童玩樂的帳篷、桌布、遮陽板、裝飾材料以及藝術品的包裝等 (圖 1-37)。特殊紙感在穿著過程中還會形成獨一無二的紋理效果，這也是普通材料所不具備的獨特「個性」。

圖 1-37

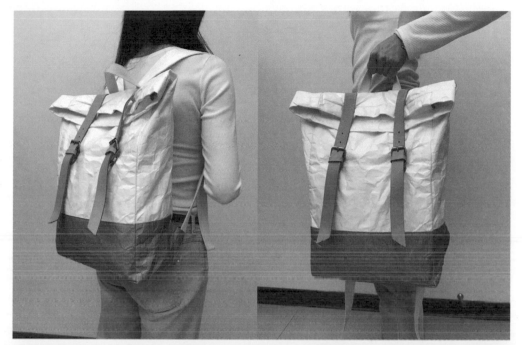

圖 1-37

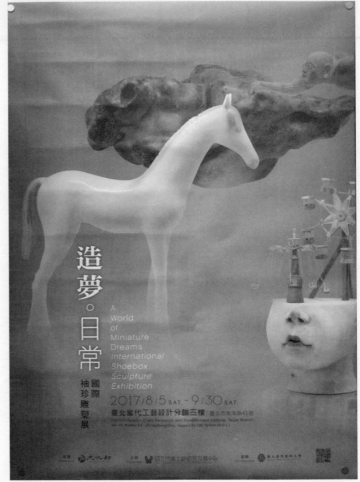

圖 1-38

4 石頭紙

石頭紙是以儲量大、分佈廣的石灰石礦產資源為主要原
材料（碳酸鈣含量為 70-80%），以高分子聚合物為輔料（含
量為 20-30%），利用高分子界面化學原理和高分子改性的
特點，經特殊工藝處理後，採用聚合物擠出、吹製成型
工藝製成。無機粉體環保新材料石頭紙產品具有與植物
纖維紙張同樣的書寫性能和印刷效果，同時具有塑料包
裝物所具有的核心性能（圖 1-38 由峻揚紙業提供）。

圖 1-39

5 雪烙紙

雪烙紙是原研哉創意發想出來的,他
當時在規劃 1998 年日本長野冬奧運簡
介時所開發出來的紙張,而日本紙廠
支持設計師創造紙張,只要量夠大即
可生產。他某天走在雪地,回頭看深
烙在雪地的腳印,心想有沒有紙張可
以呈現這樣的效果,這款紙就此誕生,
壓印的地方會呈透明狀,如圖 1-39(由
峻揚紙業提供)。

6 火鍋紙

就是坊間紙火鍋的容器,很多層技術
結合在內,以紙為基材再加上塗佈,
紙火鍋的材料是普通的紙,使用時紙
不會被點燃的原因是,紙是可燃物,
接觸氧氣卻沒有燃燒的原因與溫度有
關。紙火鍋裡的湯汽化吸熱,降低了
溫度,使溫度達不到紙的著火點,再
加上表面塗布隔絕了紙張與火源,因
此紙不會燃燒。

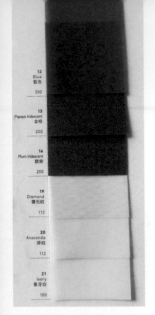

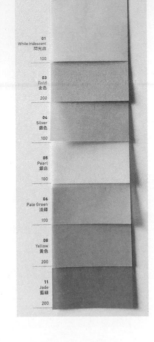

圖 1-40

描　圖　紙
Tracing Paper

　　描圖紙（大陸稱為「硫酸紙」）的特性是半透明，但是描圖紙不是紙張，是化學合成的材質，以往都是用於設計輔助的介質，例如：建築圖繪製、草圖繪製等，因為它呈半透狀很好套於底稿上，方便描圖或修正，很適合使用於標誌及字體設計時使用，已慢慢被使用於設計的主材質，現在市場上加工技術精進與市場需求，開發出彩色的描圖紙及表面有金屬質感的描圖紙（圖 1-40 由長瑩紙業提供）。

　　描圖紙可印刷，且不會因為環境溼度問題而捲曲或變皺。市場上可見精緻的產品小包裝、書籍封面及文創品（圖 1-41、1-42)等，都用到了描圖紙。

圖 1-41

簡介中的扉頁就是用描圖紙印製，有穿透的效果。

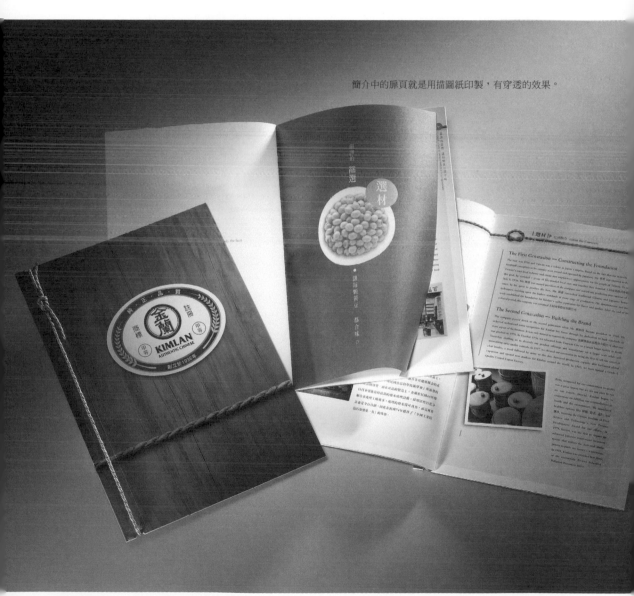

圖 1-42

馬年桌曆背板用描圖有皮影戲的效果。

圖 1-43

馬年桌曆
動態影片

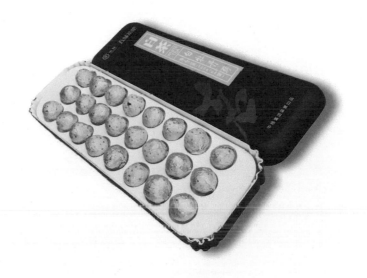

竹 紙
Bamboo Paper

竹紙為新型環保包裝用紙,是由成都夏科先生於 2010 年從設備到材料自主研發的新紙品,稱為「魔態」,所用紙張主材選用四川盛產的竹漿,經專屬配方特製而成的專用紙。

魔態包裝由紙張一次性成型,具有三任意、三減少的特點,即任意紙張、任意工藝、任意造型,可適應各種紙張與印刷的工藝(如上圖);減少膠量,減少污染,減少森林砍伐,主要原材料使用可再生的竹子,有天然的抗菌性和環保性,一次性衝壓成型,非折疊黏合,可減少膠量,為設計師的創意提供了最好的載體,為市場提供更有趣味、更加環保的產品包裝,可用作果殼盒、臉譜、遊戲飛碟等,是劃時代的包裝革命,產品的時尚新裝 (圖 1-44)。

圖 1-44

鋁 箔 卡
Aluminum Paper

金屬性質感在設計上也是一項常使用的材質，這類紙是在卡紙的基礎上裱褙電鍍鋁箔，基本上都是亮銀色再去變化，市售有些鋁箔卡是紅口金鋁箔卡、青口金鋁箔卡或瑰玫金鋁箔卡等，都是在亮銀色卡上加印顏色，使其產生金、銀質感的效果，鋁箔卡在表面肌理上有鏡面、霧面及毛絲面二種（圖 1-45）。

圖 1-45

在印刷上需要用 UV 油墨印製還原色彩，就需先鋪
不透明白色於底部再印彩圖，如不鋪白墨，所印的
顏色就會有金屬感。

圖 1-46

　　介紹完紙張的特性，紙張與印刷有絕對的互動關係外，貼合與裱褙也是紙加工中不可缺少的工藝，在此介紹一下貼合劑，一般分為動物膠與合成膠兩種，如下表１３所示。

表 1-3 紙張貼合劑的分類

貼合劑	說明與用途	
動物膠	黏性較強，脫膠的機率小，但容易變質發黃。	兩個能不能混合應用？當然可以！大面積平張的地方可以採用合成膠，細膩的小地方、轉角、需要較強黏著力的地方可以選擇動物膠。
合成膠	就是樹脂白膠，黏著度不強，不會變色，但容易脆化，有些書翻久了容易脫落，用的大概就是合成膠。	

(1-6) 聚乳酸 (PLA)

　　全名 Poly Lactic Acid，簡稱 PLA，在自然界並不存在，一般通過人工合成製得，作為原料的乳酸則是由發酵而來。聚乳酸屬合成直鏈脂肪族聚酯，通過乳酸環化二聚物的化學聚合或乳酸的直接聚合可以得到高相對分子質量的聚乳酸，而一般所說的來源為玉米、甜菜、小麥之再生能源，皆為聚乳酸。

　　PLA 早期是開發在醫學上使用，手術縫合線及骨釘等，而現今為製造環保餐具較多較廣，甚至可用於加工，從工業到民用的各種塑膠製品 (圖 1-47)、包裝食品、速食飯盒、無紡布、工業及布。進而加工成農用織物、保健織物、抹布、衛生用品、室外防紫外線織物、帳篷布、地墊面等，市場前景十分看好。

圖 1-47

聚乳酸的塑膠分類標誌是 7。廢棄的聚乳酸產品有多種廢棄物處理方式,如自然分解、堆肥、焚化處理,由於聚乳酸的分解溫度較低 (約為 230-260°C,與結晶度有關),乳酸焚化產生的熱量較傳統塑膠低,產生的氣體主要為一氧化碳、二氧化碳、乙醛等。聚乳酸主要分解形式是水解,可以和熱分解同時進行,水解速率同樣和結晶度有很大關係,而水解生成的羧酸會催化其進一步的水解,即自催化效應。通過和別的聚合物共混或共聚可以提高聚乳酸的使用性能,但同時也降低了其優良的分解性。

聚乳酸不容易被微生物攻擊而分解,也不像其他的聚酯一樣容易在酶的作用下分解,但仍有一些酶比如鏈酶蛋白酶和菠蘿蛋白酶可以促進其分解。伽馬射線和電子束也會使聚乳酸鏈上產生自由基,從而造成輻射分解。輻射分解的效率和聚乳酸的殘餘端基有關,對於帶芳香環的聚乳酸共聚物,輻射分解的效率也會提高。

PP & PLA 材質比較表　　　　　　　　　　　　資料來源:瑞興工業股份有限公司

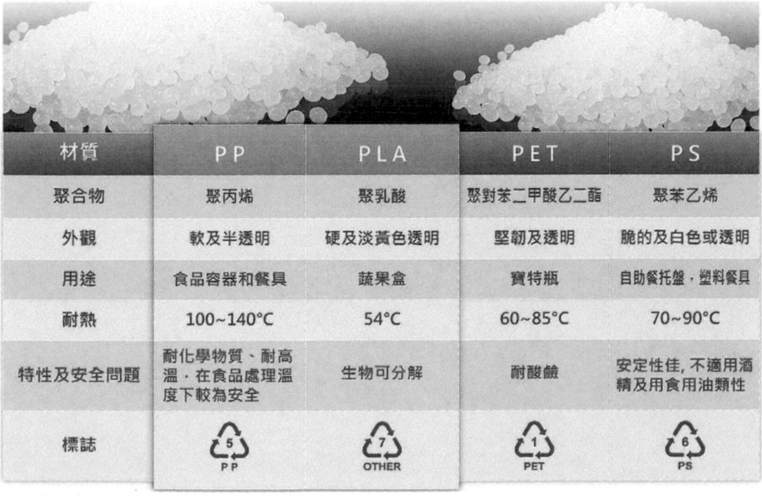

材質	PP	PLA	PET	PS
聚合物	聚丙烯	聚乳酸	聚對苯二甲酸乙二酯	聚苯乙烯
外觀	軟及半透明	硬及淡黃色透明	堅韌及透明	脆的及白色或透明
用途	食品容器和餐具	蔬果盒	寶特瓶	自助餐托盤,塑料餐具
耐熱	100~140°C	54°C	60~85°C	70~90°C
特性及安全問題	耐化學物質、耐高溫,在食品處理溫度下較為安全	生物可分解	耐酸鹼	安定性佳,不適用酒精及用食用油類性
標誌	♻ 5 PP	♻ 7 OTHER	♻ 1 PET	♻ 6 PS

圖 1-48

(1-7) 設計實例

在介紹各種各樣紙質後，在此就舉一些設計師，最常遇到的設計項目為例來做為選材建議，也期透過這樣系統性的引述能讓設計慨念落地化。在每項案例中會以目的、特質、用紙及說明四個相對的特點來說明，因為用紙要看最終目的，我一向主張「設計不必太用力」、「設計用料夠了就好」，很多設計需求只要選對材料，結果跟效果都會讓人滿意的，而好設計不一定是要用錢才能堆出來的。

海報
Poster

1	2

目的 ｜ 公告、商業告知

特質 ｜ 遠觀、訊息清楚

用紙 ｜ 還原色彩為主 (銅版紙類)

說明 ｜ 文化性：視題材而定 (收藏用)，
例如無酸紙 (很貴，百年不變黃)，
如圖 1。

｜ 商業性：薄磅紙，展開為海報，折
疊為 DM(郵寄用)，如圖 2。

1 星座郵票海報。利用後加
工工藝的打凸、燙金、夜
光油墨，因 12 星座是用
雕刻陰陽模，每一星座模
具單獨，一張紙要來回打
印 15 次，所以需選用長
纖維的紙才能耐印。

2 去毒得壽反毒品海報。正
常四色印刷，為了不反光
顏色耐光，使用後加工工
藝在海報上面加霧 P。

2

簡
介
Brochure

目的 ｜ 詳述企業（產品）訊息

特質 ｜ 接觸特定對象

用紙 ｜ 視內容選用紙張，量少質優
（一般多選用多款紙質）

說明 ｜ 文化性簡介：可選擇富手感
及紙紋特殊的非塗佈或輕、
微塗佈紙質，印刷後顏色顯
色會較溫潤。

｜ 商業性簡介：彩圖頁可選擇
塗佈或輕塗佈紙質，色彩顯
色度層次會比較豐富，如果
有表格文字頁，可選擇非塗
佈或輕塗佈偏黃調的紙質，
閱讀上會較舒適。

1
2

1 鰻料理店傳。封面使用木
紋紙，內頁用模造紙四色
印刷。封面的字則使用後
加工工藝雷雕。

2 歐普設計1999年作品集。
內頁採用多款紙四色印
刷，類似紙樣本，採用不
穿線膠裝，可以單張撕下
為明信片之用。

書籍讀本。內頁採用
輕薄有手感略黃紙使
閱讀舒適，注意紙的
絲流好翻閱。

書籍
Books

目的 ｜ 傳遞、流傳、紀錄

特質 ｜ 特定對象、主動

用紙 ｜ 商業性：保存期短（一般紙）
　　　 ｜ 典藏型：保存期長（中性紙）

說明 ｜ 文字性書籍：可選擇富手感的非塗佈或輕、微塗佈紙
　　　　 質，印刷後顏色顯色會比較溫潤，閱讀上比較舒服。

　　　 ｜ 圖文性書籍：彩圖頁可選擇塗佈或輕塗佈紙質，色彩
　　　　 顯色度層次會比較豐富。

　　　 ｜ 整本書籍要注意合適的開本尺寸、裝幀結構特殊加工
　　　　 及紙絲向會影響翻閱的順暢度。

4

DM
Direct
Mail

目的 ｜ 商業用途

特質 ｜ 大量、無特定對象

用紙 ｜ 商業性：量大、保存期短，
隨手丟（一般紙）
｜ 特定性：量少、質優，可傳閱

說明 ｜ DM 屬於推廣性的文宣品，量大且設計多
樣化，選擇紙質可視設計師的風格而定，
要注意所選紙質在印刷後加工是否能展現
設計的完整性。

台北 101 商場美食簡介。加工工藝：
封面特銅四色印上霧 P 再局部上光
P，內頁採用雪銅四色印。

5

名片及事務用品

創意田公司信封紙，使用布紋紙特色再裁角。

目的 ｜ 公司（個人）身份地位告知

特質 ｜ 最小的廣告媒體

用紙 ｜ 耐磋磨

說明 ｜ 名片是個人定位的文宣品，選擇紙質可視設
計師的風格而定，要注意所選紙質在印刷後
加工是否能展現設計的完整性。

6

包裝彩盒

Package

目的 ｜ 商業用途

特質 ｜ 大量，無特定對象

用紙 ｜ 量大、保存期短，即用即丟

說明 ｜ 包裝是專業的設計品項，選擇紙質要依商品的定位及定價而
定，要注意所選紙質在印刷後加工是否能展現設計的完整
性，而紙盒型的包裝要注意紙絲向在盒體成型或生產線時的
順暢度。

｜ 一般來說，禮盒保存期大約兩個月(從生產到上架販售完成)，
用紙不需要太豪華。越小的紙盒做造型越困難，因為紙張面積
小、紙張彈性抗力大，需要更長時間讓紙張結構所形成的立體
造型穩固。因此，越小的紙盒玩造型，紙張不要選太厚。

立頓金罐茶系列樣品盒。使用單面雪銅
卡四色印刷後再上亮油，防止軋型刮傷。

紙張纖維有長有短，且有方向性，如果沒有摸清楚紙張的絲向，在印刷折盒後可能在摺痕處會露出紙芯或斷裂；有些書籍在翻頁的時候也常會自動回翻，因為纖維的方向沒有對應翻書的方向。

東南亞國家的樹長得不高，所以纖維是短的；歐美國家的樹長得密又高，纖維較長，紙張挺度佳，因此較厚、較硬挺的厚卡類紙張，東南亞造得沒有歐美國家好。如果印製品是短期、特定環境使用，不是發送到全國，選紙纖短的，沒有太大影響，但如果是像大陸東、西、南、北地理環境氣候大不相同，選用短纖的紙張，印製品就容易因環境變化而產生質變。因此，質感很好的壹級卡，有產於泰國與歐洲，在價格及印製品質來說，可能就有極大的落差。

KNOWLEDGE & PRACTICE

DESIGN SKILLS
WORKSHOP

設計技術研習班

PLATE

CONVERTING

INK

PAPER

COLOR

2

認識版
PLATE

(2-1) 顏色的媒介

　　版是顏色的媒介，紙有手感，可理性、可感性，版材是很理性很客觀的材料，是什麼材質就用什麼版材，設計師很難在版材上以創意改變它，能考究的就是用什麼樣的版式來印刷，可以達到設計所要的極致效果。所有的版式就是凹、凸、平、孔四種，孔版就是我們所謂的絲網印刷時所使用的網版。現在任何再發展出來的印刷方式，包括移印、牆面黑廣告，都是網版原理再延展。包括在衣服上印製圖案，也都不脫離凹凸平孔四大範疇。

　　所以整個印刷工藝到目前發展，都未脫離這四大系統，且皆由這四大版式範疇架構衍伸而來，包括數位印刷也是從平版概念衍伸而來，平版印刷是透過油墨利用版材來產生圖文，數位印刷則是省掉版材，把滾軸油墨改以噴嘴來噴出圖文。

　　傳統印刷方式的被印物必須是平面的，數位印刷的噴嘴與被印物之間有距離，可調整噴嘴的位置及高度，因此數位印刷不限平面，曲面印刷就因應而生。磚牆上大型的繪製也屬於此概念，在不平整的表面噴繪圖案，已屬常見。凹凸平孔版式沒有絕對被印物的對應材質，懂得四種版材的設計師就可以交互使用，以達創新的目的。

　　以下即將進入四個版材的基本認知及各種版材的運作原理，談凹凸平孔並不是以它發展的順序來介紹，而是以順口好記來說明，並以實際應用該版材的設計案例來說明其落地性，以增加讀者的明白。

2-2 凹版 (Intaglio Plate)

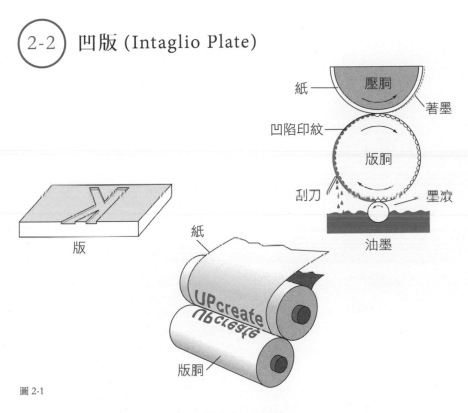

圖 2-1

　　印刷版材要印刷的印紋呈現凹狀且圖案成左右成相反狀，即是凹版。沾取油墨之後印在被印物上，原本填充在凹陷印紋內的油墨被轉印到被印物上，圖案因油墨固化後呈現突起狀，例如：鈔票上的圖案可以摸出突起的紋路，即是凹版印刷原理（圖 2-1）。

　　凹版版材不像其他平面版式，是將所需的印紋複製在圓筒型的金屬上，視印件的數量而採用銅或鋼材，以因應它的耐印度，凹版是將筒狀金屬版以雷射或腐蝕雕刻圖案後，在輪軸的運動中，將油墨填充於凹陷的印紋內，再用刮刀將版上非印紋部分刮除不必要的油墨，塞在凹陷處的油墨刮不掉，再用壓力將印紋內的油墨吸附轉印在被印物上，因印墨被拔出所以圖案在印物上會是呈凸狀。

圖 2-2

　　此一印刷方式多用於較精密的印製物件。凹版本身是金屬材，以腐蝕的方式做出圖文，再鍍上特殊金屬可耐印刷，以增加印刷的數量，凹版印刷與平版印刷相較成本高出許多。不論什麼版式印刷都有印製極限且會老化，達到一定的印製數量版材難免有磨損，就必須重新製版 (圖 2-2)。

凹版因為製版困難且成本昂貴，因此具有極高的防偽性，常被用於高附加價值或有價證券上，例如：鈔票、早期糧票、國債儲蓄券及股票証件等做為防偽用（圖 2-3）。

圖 2-3

提到凹版，在此不得不提及 1980 年大陸發行的庚申猴票，此枚郵票的價格在市場更是直線飆升，供求極度失衡。猴票背景為紅色，圖案是由著名畫家黃永玉繪製的金絲猴。郵票原圖由黃永玉繪製，由郵票總設計師邵柏林設計，姜偉傑雕刻，採用影寫版與雕刻版混合套印方式印刷。由於猴票是大陸第一枚生肖郵票，圖像美觀，印刷精緻，深受集郵愛好者的喜愛，也因是雕版印刷，其票面猴身上的毛在陽光下猶如真的毛皮一般光彩熠熠（圖 2-4）。

圖 2-4

1. 光學變色油墨
(Optically Variable Ink，OVI)

　　又稱光變油墨和變色龍，印品色塊呈現一對顏色，例如：紅→綠、綠→藍、金→銀等。在更高要求下，連油墨都可以變化，例如：凹版加上光學變色油墨，鈔票與郵票上常可見光變油墨，透過不同的角度及光線變化，圖案顏色也有所改變（圖 2-5）。

　　在白光下正看或側視，隨著人眼視角的改變，呈現兩種不同的顏色，光變特性強，色差變化大，特徵明顯，不需要任何儀器設備都可以識別，其顏色角度效應無法用任何高清晰度的掃描儀、彩色複印機及其它設備複製，印刷特徵用任何其他油墨和印刷方式都無法效仿，防偽可靠性極強，所以被世界上多個國家指定用於要求最嚴、難度最大的貨幣和有價證券的防偽上。

　　這種油墨的製造方法，一般是將光致色變色素用溶劑溶解，製成縮微顏料膠囊，在溶解的色素中根據不同用途加入黏合劑。較好的製造方法是把光致色變色素溶解為重合單體，把這類聚合物超微粒子粉碎，製成粉末作為顏料使用，這種方法製成的油墨與縮微膠囊油墨相比，耐光性提高 10 倍。這些粉末均可加在水基油墨、油基油墨和塑料油墨以及所有黏合劑中作為顏料使用，這些技術能否應用於商業設計包裝上？當然可以，但是產品本身價值要夠高。記得！夠用就好，不用過於追求奢華。

圖 2-5

從光變油墨這件事來看，印刷的搭配與變化可以精益求精，在凹版的技術下加上光變油墨的開發，未來一定還會有其他的配套研發突破更新。最常用的凹版印刷可分為「雕刻凹版」和「照相凹版」兩大類。

2. 雕刻凹版 (Intaglio Engraving)

最早期的凹版印刷，大都是用手工或機械直接在平面的金屬版面作大小點或粗細線的雕刻（圖 2-6），印量在 200-300 張左右者用銅版，印量超過 400 張以上者則採用鋼版來製版。但也有不直接雕刻金屬版，而是在金屬版面塗上抗腐蝕蠟膜，最後以酸液腐蝕下凹，即可得到凹版。目前兩種技法常併用，也統稱雕刻凹版。各種紙鈔上的圖案皆採用雕刻凹版印刷。

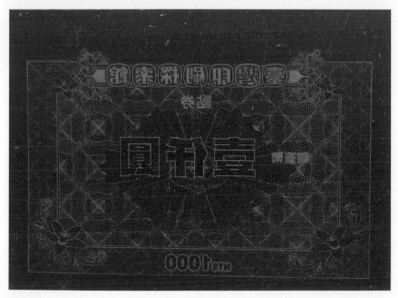

圖 2-6

華民國九十三年製版

圖 2-7

　　凹版要印刷的圖案須在版材上雕蝕，很細膩的地方都要用
「線」構成，而不是「面」，著墨印製才不會糊掉，而「線」則是
由「點」排列而成。「點」可以雕刻出不同深淺，來達到不同濃淡
的墨色，我們所看到凹版印件上的色彩層次，是由線的疏密所構
成，而色彩的濃淡是由深淺構成（圖 2-7），這些雕刻工作我們稱為
「佈線」（圖 2-8 郵票凹版雕刻師／劉明慧老師），都是由專業的雕
版師完成，在佈線完成後，會先在紙上做效果的試印，此動作稱為
「拓樣」（圖 2-9)，以檢驗佈線是否完美，不斷的反覆拓樣到定稿，
再複刻到大筒版上，版雕好之後很脆弱，必須鍍上特殊金屬保護層
才能承擔大量的印製需求。所以打樣時看到的版與正式印刷看到的
版有可能不同，是因為鍍上了保護的金屬層。

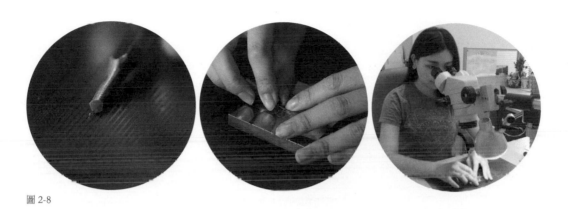

圖 2-8

圖 2-9

3. 照相凹版 (Photogravure)

　　照相凹版又稱影寫版，係利用連續接調正像的底片 (Slide) 間接晒像於炭素膠紙上，經轉貼於銅版上並予顯像，再以腐蝕液隨色調濃淡不同，蝕得網目大小不同、深淺不等印紋的凹版製版法。照相凹版依其製版過程的不同可分為：實用照相凹版、網目式照相凹版、立體網目照相凹版三種。

　　照相凹版是照相製版術應用於凹版製作的工藝技術。早期的照相凹版工藝是照相腐蝕凹版製版工藝。凹版最難的在於雕刻版的製作，雕深雕淺經營出層次，完全靠人工。但是工作量大，必須有部分的作業改以電腦或機械操作，此時影寫版即應運而生。

　　影像圖案，以凹版的方式去經營，就不是人工佈線雕刻了，而是以電腦機械完成，比平版印刷更高級，既非凹版，也非平版。平板的印刷邊緣完整銳利，影寫版的印製效果，邊緣會呈現類似鋸齒狀。平版套印精準，可印 100% 油墨，影寫版則無法達到 100%，顯色與銳利度比較毛躁 (圖 2-10)。

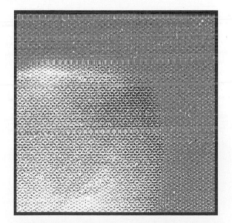

此圖是影寫版有如凹版的特性，因用腐蝕製版所以在字的邊緣會出現鋸齒狀，如點的感覺。

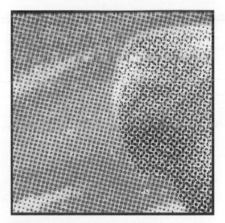

此圖是平版的印刷特徵，在幾何圖線及字的邊緣很清楚銳利，如線的感覺。

此圖是影寫版的圖片特徵，以水晶狀型的點疏密所構成。

此圖是平版的圖片特徵，以圓型點的大小點所構成。

影寫版的英國郵票及附鐵票。

圖 2-10

4. 凹版設計應用實例

　　這是一枚加拿大為呼籲保護灰棕熊的惡劣生存環境而發行的郵票，以北美洲西部的灰棕熊為畫面，採凹版雕刻印製，當局並發行雕刻家雕刻後的拓樣張（圖 2-11），正式發行是四方聯的彩色小型張，由三個專色及一個凹版黑色印刷而成（圖 2-12）。

圖 2-11

CANADIAN BANK NOTE
Design / Conception : Alain Leduc. Engraving / Gravure : Jorge Peral

C

CANADA

GRIZZLY BEAR OURS BRUN

$8

CANADA

GRIZZLY BEAR OURS BRUN

$8

CANADA

GRIZZLY BEAR OURS BRUN

$8

CANADA

GRIZZLY BEAR OURS BRUN

$8

2-12

093

郵票上端的雲彩部分及下面的草地，設計師很細心用熊的造型元素來鋪底，並用淺藍色及草綠色象徵藍天及綠地，而局部過淡的處理，乍看就是雲及草原，用放大鏡去看才能看到熊的造型，雲及草原只是票面上的裝飾非主題，採用這樣的表現手法很細膩，不會干擾主題 (圖 2-13)。

圖 2-13

　　專業的凹版雕刻家常常會在自己經手雕刻的作品上置入一些暗記。在鈔票的圖文上為了防偽，通常一套圖案會拆給多位雕刻家去操刀，而在暗記處理上可是保密的項目。

　　此套郵票也置入了暗記，應該不是為了防偽而刻暗記，反倒是一種行銷手法，我們放大熊的後腿其皮毛層次分明（圖 2-14），正式發行的郵票圖案，在熊的後腿皮毛上用線的經緯構成出一個 8字，那代表是郵票的面額 8 元（圖 2-15），這是有趣的設計，也就是集郵市場上的一些潛規則。

圖 2-14

圖 2-15

帝雉郵票

　　此案例是用平版印刷加凹版印刷,總共八色印製(圖2-16)。平版與凹版印刷在不同的機器上,先進平版四色印刷及兩個專色,意即在平版印刷機上,紙張已被拉扯六次產生質變,再進凹版印刷兩個顏色,這張郵票紙總共被拉扯八次。郵票紙張相當薄且有彈性,再加上凹版的吸墨壓力大,在拉扯多次之後紙張會些微變形,印製有可能對不準,因此在印製上挑戰非常高。

圖2-16

臺灣TAIWAN
25
Syrmaticus mikado 帝雉
中央印製廠承印

圖 2-17

　　這套郵票特別的地方在於紅色眼睛，實際帝雉的紅眼面積只有
郵票圖案上的 1/2，但是如同上述所說，郵票經過拉扯之後紙張已
些微變形，紅眼面積如果太小，會有局部露白看得出來印製不對位
(圖 2-17)。設計師長年在電腦前作業，習慣把東西放大來看，怎麼
放大都清楚，但是要養成一個習慣，就是把設計物以 1:1 的比例印
製出來看，才能模擬實際印製成品是否會模糊不清。

慶典煙火郵票

　　這套郵票也是用平版加雷射膜最後再用凹版印刷。郵票現在拿來當郵資寄信，已經很少了，郵票藝術性如何增加收藏價值反而是郵政當局在意的事。這套郵票如何增加收藏價值？影片會動，所以會吸引人，我就思考如何讓郵票畫面動起來？有沒有可能讓煙火動起來？從日常生活當中找資料，有沒有什麼會動的平面印刷品可以借鑑？護照上的雷射防偽護膜就是很好的資訊，而不是空想，是已被應用，所以創意到落地是沒問題的。

　　因此，嘗試在平版四色印刷完成後加上雷射膜，這套郵票上的雷射膜煙火全像有 7 層，這個覆膜是國外的技術，煙火除了印刷的 CMYK 之外，還需要另外存一套拆成 7 個層次的檔案做成雷射覆膜。當然也可以製成 20 個層次的檔案，只是成本的問題罷了。雷射覆膜的完稿是把這些煙火影像轉成黑白 (灰階)，在黑白層次內篩出 7 個層次 (或是設計師指定的層次)，再交付做雷射膜的公司製作。

圖 2-18

一般印刷上的白字，大多是不印刷露出紙張底色，但是
這張郵票上的白字如果採用留白的方式，太細小的地方四色套
印可能不準，且覆膜後會變成膜的顏色，而不是白字，識別度
會有問題。所以這張郵票上的白字是在雷射覆膜後再以凹版印
製，才能如此乾淨又清楚。凹版在雕刻時控制深度，可影響油
墨厚薄與顯色度，例如：較細的英文字筆畫，在雕刻的時候即
刻意雕深一點，以免筆畫太細呈現斷線的失誤 (圖 2-18)。

如果沒有搭配凹版，這些白字會怎處理？燙白！但是燙白
有極限，太細的字燙印不出來。網版印刷呢？技術可以，但是
太細的字會比燙白更糟。而且網版產能低，不符合成本效益。

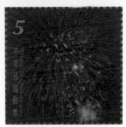

加上雷射膜

雷射膜讓畫面動起來

煙火郵票
動態影片

百鹿圖郵票

　　這張郵票在版銘上是燙金的質感，原以為很簡單，但實際打樣效果卻極差，因為燙金後的筆畫模糊不銳利。郵票紙較薄燙壓太大會凹陷，所以應用凹版的原理，把燙金的圖案改成線條構成，糊掉的狀況就有明顯的改善。所以放大去看燙金的馬，它不是實心的，是線條構成的。這套郵票有趣的地方是原本的古畫很長，超出集郵的習慣尺寸，因此將畫作分成兩段，上下排列，為了取每一枚最好的畫面，每一枚的票幅寬度不一樣，因此這套郵票有五種票幅 (圖 2-19)。

圖 2-19

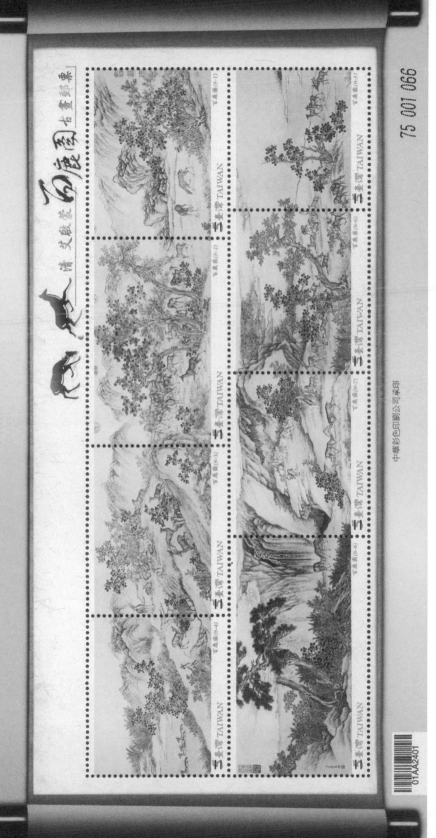

萊爾富麵包袋

　　這也是凹版印製的成品，包裝袋基材是用宣紙表刷後，再以塑料護膜可防潮及隔絕空氣，增加保存期限，但是右邊半透明怎麼實現？我舉個簡單的應用例子：在半透明的描圖紙（硫酸紙）貼上透明膠帶的區域就會變成透明，毛玻璃噴水之後也是變成透明的，所以這個宣紙包材也是相同原理，可以調整透明度。宣紙的基材經過處理後雖然不能達到全透明，但可以改變質感成為半透明（圖 2-20）。

圖 2-20

圖 2-21

Ajinomoto 包裝

　　在塑料上只能用 UV 油墨來印製，但 UV 油墨具有毒性，不能直接接觸食品，早年的凹版油墨需要靠溶劑來稀釋非水溶性油墨，雖然不像 UV 油墨具有毒性，塑料基材在印製後還會加上一層功能護膜材料，用以隔絕油墨直接接觸食物及食品的耐酸耐鹼。塑料基材的好處就是可以不上墨使用透明，這點是一般材料所達不到的效果，除非是開刀模挖窗（圖 2-21）。

Mojo 喜餅

　　裝餅乾的透明小軟袋，上面有印金銀色的質感。印刷後加工的進步，塑料近年來已可以在上面燙金，但成本相對較高。若在鋁箔材料上要表現金的質感很簡單，在鋁箔材料上不鋪白色，直接印黃色 (可用 CMYK 四色比例調出你要的假金色，例如：紅口金或青口金的色感)，因為油墨的透明性，它與下層的鋁箔材金屬質感疊印就會變成金色 (如紙張的燙金感)。當然也可以直接印金，其質感就沒燙金的亮金感 (圖 2-22)。

圖 2-22

　　任何版材都有印刷量的生命週期，我就利用這個問題點，把它轉為創意上的機會點。早年有一款作品是乖乖公司旗下的孔雀品牌，在包裝設計上用四格黑白漫畫的表現手法為主視覺以呼應時事 (圖 2-23)，待版材印到一定的數量後，版已耗損得差不多要淘汰了，就再換新的四格漫畫故事視覺重新再製一套新的版 (圖 2-24)，所以包裝上的圖案經過一段時間就變更，開始與消費者互動的先例，消費者會隨時去賣場主動關注，對品牌的黏著度也會增加，時隔 30 年了，這創意概念依舊被後續接手的設計師應用 (圖 2-25)。

圖 2-23

圖 2-24

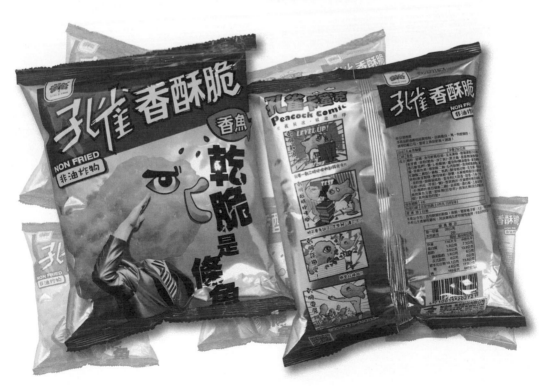

圖 2-25

左岸咖啡館

　　本案例的特別之處是在塑料透明開窗處的四邊，印上過網的白墨，產生朦朧的視覺感，開窗的邊不會有太生硬的切割感，破壞整體包裝的氛圍，又可以呈現包裝內的乳酪條，而下半部的圖案顏色也有半透明感，這遮透性的控制來於白墨的過網比例而形成的效果 (圖 2-26)。在「工」的章節中我們會詳細介紹，凹版製版時網線的過網最細限制及印刷機的印刷極限。

圖 2-26

獻穀米

　　塑料包材也有啞光的質感，一般的積層塑料包材都是亮面材質，如要啞光的效果，通常是在正常的印刷完成後，正面再用表刷的方式加印消光油墨，陳列時比較不會反光太強而產生視覺炫光，商品看起來也有較高質量，此時就可以在設計上做一些亮霧的視覺效果，例如：在產品圖的地方不印啞光墨，保留原有亮彩的效果，以增加包裝視覺張力 (圖 2-27、圖 2-28)。

　　另一種方式就是採用霧面膜 (類似描圖紙 / 硫酸紙的半透質感)，同樣印刷好再後加工印亮油，也會有亮霧的效果，後者的成本較高，一般都採用前者。

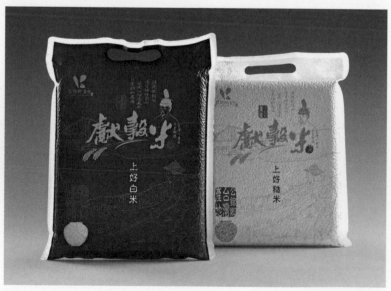

圖 2-27

圖 2-28

啞光

即為消光、霧光,會將原本產品的色彩光澤度降低,進而產生特殊效果。

圖 2-29

柔版印刷工具筆記本

　　鋁箔材一般用於包裝上，大多被歸類為
包材，創意田公司所設計的柔版印刷工具筆記
本 (圖 2-29)，是將窠臼印象的鋁箔材拿來製
作成書套，延伸了鋁箔材質的應用範疇。這
書套是採用數位印刷，其他製程跟積層包材一
樣，也就是沒有製成那支不便宜的銅版輪軸，
同時應用了萬花筒的印製軟件，使每一本書套
封面的底圖都不一樣，其效果是由種子圖繪製
後，亂數隨機形成，每印一個圖案後就會再生
成另一個新圖案。設計師如果能善用各種包材
與印製工藝，創意可以玩得更出彩！在創意後
取材也很重要，不應該侷限在已知的領域內，
往外看看有時會有意想不到的風景。

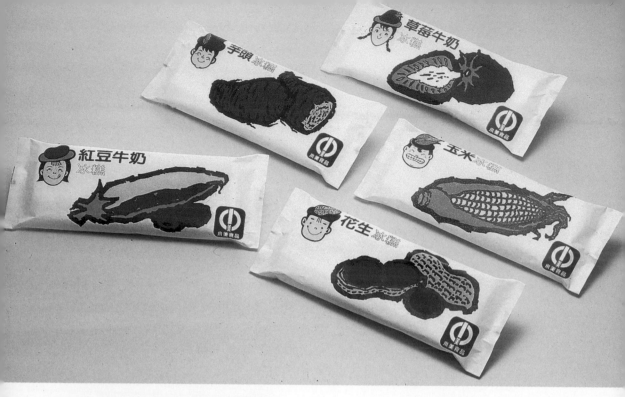

冰品包裝

　　冰品的生產流程是自動包裝，正好凹版除了油墨可選用水基油，也可以印於食品級的包材，更可提供整卷式的包材紙，而經過積層的加工後，亦可在紙上裱褙 PE 用於防止水氣及冰品的保鮮。早期的冰棒包裝都採用手感較佳的紙質，而為了在充滿霧氣的冰櫃中能被清楚的看到，在用色的設計上也很鮮艷 (圖 2-30)。

圖 2-30

2-3 凸版 (Relief Plate)

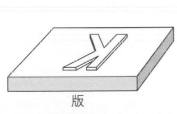

版

紙

活版組版

圖 2-31

　　凸版印刷是指印紋部分高於非印紋部分的一種版式，在印紋部分施以油墨，然後覆上被印物、施壓，將油墨轉移到被印物上的表面。凸版印刷除了凸版膠印外，都採用直接印刷方式，也就是印版與被印物直接接觸，油墨直接由印版轉移到被印物上 (圖 2-31)。

最簡單易懂的原理就是
印章 (圖 2-32、 圖 2-33)。
印製的圖案就是著墨點，與
凹版剛好相反。

圖 2-32

圖 2-33

早期的活字鉛字
就是凸版的原理，鉛字
排好之後鋪上紙張或載
體，滾輪再滾壓上去後
即印製完成（圖 2-34
是早期的凸版材）。

圖 2-34

凸版亦可以用來壓印、起鼓 (圖 2-35) 或凹折 (如右圖，圖樣
由成都銳拓傳媒設計，工藝由活字印坊印刷)、燙印金等版材。

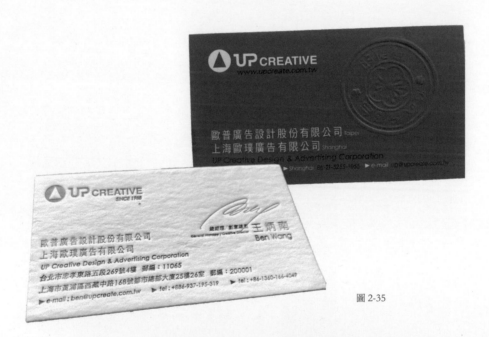

圖 2-35

豁达自然，随遇而安

西游记

锐拓传媒
Rightol Media

敢爱敢恨，敢作敢为

西游记

锐拓传媒
Rightol Media

不争 不显 不露

西游记

锐拓传媒
Rightol Media

功到自然成

西游记

锐拓传媒
Rightol Media

1. 柔版印刷 (Flexo Printing)

　　早期在台灣又稱凸版印刷，最為一般消費者所認知的代表印刷品就是一般紙箱的印刷。柔版印刷是近二十年來，歐美先進國家為因應印刷業重金屬及化學溶劑帶來的環保問題，所發展出的新型態印刷方式，最主要是採用水性油墨來取代過去常用的溶劑型油墨，以減少對人體及環境的污染與傷害，目前與平版、凹版已經是三分天下的印刷方式。

　　什麼叫柔版？因為版材的構成為化學樹脂，表面為柔軟具彈性，故名柔版，又名「樹脂版」(圖 2-36) 因取其印紋為凸出之部份，為什麼要用柔版印刷，又其應用的範圍為何？柔版所用的油墨是依不同材質的屬性來調配，所以被印物材質不同而有相異的油墨適性，以其常用的油墨可分為三種：醇溶性印墨 (Alcohol-based Inks)、水性印墨 (Water-based Inks) 以及 UV 印墨 (Ultraviolet Curing Inks)。

圖 2-36

圖 2-37

　　其實用什麼印刷方式都可以,最主要的原因在柔版多採用水性或水基油墨,不帶對人體有害的重金屬(如鉛)及化學物質(如苯),印刷品多可與食品、人體作直接的接觸。平版印刷也有類似的油墨,如大豆油墨,但是缺點就是價格昂貴,凹版也有,問題也是油墨太貴。

　　跨過一段模糊的時期,柔版印刷比較具體稱呼約在 1920 年。當時採用苯胺染料液狀油墨印刷,稱之為苯胺印刷 (Aniline),並非柔版印刷。苯胺染料油墨具毒性,不被食品及醫療包裝業者所接受。經過油墨商不斷地努力與改良,慢慢地苯胺油墨已經接近安全可接受的程度。現在凸版大量被「柔版」所取代,因為柔版製版快速經濟,並可以小量拼版共印,採用水溶性的油墨,但不耐印刷。如印製量龐大,必需要有備用版材以應不時之需,其印製原理與凸版相似,是屬於凸版的一種,市面上大量的飲料紙包材,如利樂包材就是柔版所印製 (圖 2-37)。

2. 凸版設計應用實例

利樂包彩色版

　　凹版需要特定的設備與硬體，印製成品相當精細，但利樂包的印製畫面不需要太過精細，所以並不需用到凹版或平凹版的技術，線數越高，相對印製速度要放慢，產能較低，用於快消品的包裝上就不太實際。利樂包本身表層是模造紙質感，實品摸起來光滑是因為印完之後再覆上一層很薄的隔絕塑料層，以免接觸到油墨。也因基材本身是比較薄的非塗佈紙，所以要使用更柔軟的網點才適合。

　　柔版的製作便宜又快，還可以拼版印製，例如三種口味的茶品可依產能需求同時拼在一起印製，例如：紅茶排五個版面、綠茶排兩個版面、黑茶排三個版面之類的靈活調整 (圖 2-38)，且柔版可以做到 175 線 (350dpi) 的精度，所以利樂包的彩圖精緻度的呈現也不錯。

圖 2-38

123

利樂包套色版

　　此兩包立頓茉莉花茶系列包裝，表現手法採用復古風格，畫面刻意在電腦內以線畫構成做成凹版效果，利樂包材的成本是依彩色版或是套色版印刷來計算費用，而套色都是以專色來印，色彩效果很好，這套包裝是套色的相對成本較低，在競爭激烈的快消飲品中，如果包材成本能省一點算一點，很多大公司對於這種小數點以下的成本是很在乎的，設計要落地不只要懂工藝，更要懂老闆的心意，附錄 13 為利樂包印刷規格表供大家參考。

　　在底色上我選用了一個特別色，做漸層處理以增加它的豐富性，第一打樣底色太濃 (先鋪黃 50% 滿版再直壓特別色漸層 50% 至 0%)，整體看起來底色太重而搶走插圖，第二打樣我將特別色漸層改為 10% 至 0%，因為考慮到最後印刷後會再加一道亮油顏色會再濃 10%，這才是我要的結果 (圖 2-39)。

圖 2-39

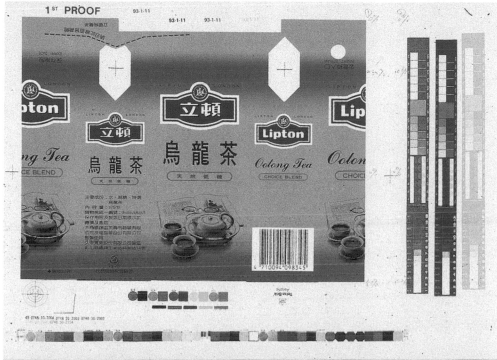

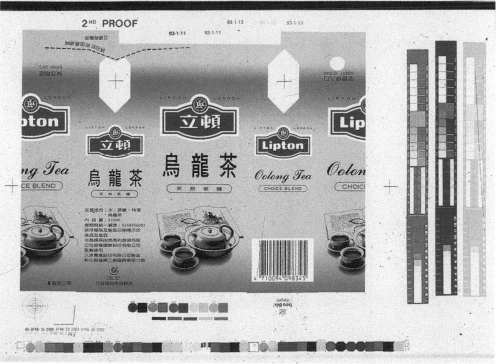

設計無好壞，只有對錯，任何印刷的版式或材質都是中立的，就看誰去用它，同樣的材料這位設計就能將茶類系列包裝展現得很有趣，大大提升銷售數字 (圖 2-40)。

圖 2-40

統一柳橙原汁

　　新鮮屋的包材很適合冷藏飲品，內容產品新鮮但保存期限較短，印刷效果精美度不亞於傳統的利樂包，它是採用原紙漿為材料，沒有經過漂白也沒有太多複合材料，適合放鮮奶、鮮果汁之類的產品，所以這個包材又稱為牛奶盒包裝。它在色彩的顯色度上視覺效果不錯，也可以用專色來印製，唯在陳列架上的耐光度不強，因為它是用食品級的水性油墨，遠比平版的礦物油墨差，但不會影響它的被接受度，因為使用新鮮屋包材的商品在貨架上的保存期限大多在兩週左右（圖 2-41）。

圖 2-41

日化品的瓶標大多採用 PU 膠料材，因為它可以續存在潮濕的環境中，不像紙材遇水產生濕爛不美觀，另一個考量點就是此類日化品在某種程度上都具有清潔效果，如用正常紙材及一般平版油墨，標貼上的圖文可能會被液體洗去原來的顏色，使消費者產生不安的印象。圖 2-42 瓶標是用 PU 膠料材，畫面中漸層的水波紋圖案，若採用凹版印製，達不到這樣的精緻，平版印刷也無法印製在這類材質上，因此具有平版印刷特色的柔版是最佳選擇，而且它可以用 UV 油墨來防止標貼印製的顏色被輕易地被洗退。

圖 2-42

玫瑰人生

　　標貼除了柔版印刷，還加上近幾年開發的工藝：冷燙。燙金銀以面積計算，而且燙金銀比較少用於邊緣線的勾勒，擔心燙不準會產生大小邊。但是冷燙的對位精準，它就像平版印刷一樣，是一種類似轉印的技術。一般提到「燙」是指熱燙，即四色印完之後再移到熱燙設備做後加工，燙印的位置有時會移位不準。

　　冷燙是直接在印刷機後一條龍完成，所以是與印刷同時完成，沒有移動與移位不準的顧慮。冷燙金的成本低於熱燙金，且冷燙金的金色可以隨意選擇，因為冷燙是類似印刷的原理，所以顏色很好控制（圖 2-43)。

圖 2-43

圖 2-44

雲南白藥

　　牙膏軟管是軟的材質也適合用柔版印製。軟管製成有兩種方式，一種是先捲成管狀後再印刷，為了對應捲成管狀的被印物，柔版是最適合的版材。另一種製成方式是先平張印刷再裁條後捲成管狀，這款牙膏包裝就是屬於此類 (圖 2-44)。

　　如何決定是選用管狀或是平張再成型的軟管，得視填充內容物而定。有些產品只為了擠壓方便，那用管狀就夠，而有些產品需要避光，那就必需採用複合積層材料，可以在積層中裱褙鋁材來遮光。此案例是希望擠用牙膏後，軟管不要回復原來管狀，早期的牙膏用鋁管也是為了擠用不回彈，現在包材的改良足以應付之前的不便性，且更安全而精緻，才能提升我們的生活品質 (圖 2-45)。

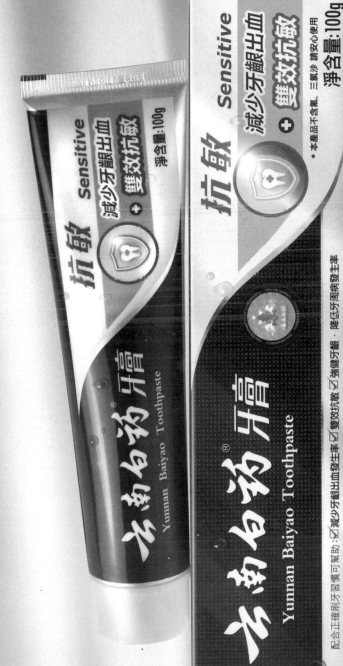

圖 2-45

133

麥香奶茶

　　前面提到利樂包有彩色版與套色版兩大分類，成本不一樣，這款麥香奶茶是利樂包套色版。它是凸版的原理以樹脂版印製，樹脂版可以說是早期的柔版，與柔版一樣都是軟性版材，做為套色有樸拙的效果。

　　此案例是先印上底色土黃色，再套印上咖啡色，因為套色版的機品精度不那麼好，就像做版畫一樣，淡色先印再印深色，如有透色就必需做補漏白的設定，才不會產生白邊，在咖啡色的基礎上還要分出深淺層次，有些土黃色底色會挖掉，有些則是咖啡色直接壓印在土黃色上產生第三色，再加上調整印色順序，應用這樣的原理與變化，在白、黃、咖啡三色印製條件下印出此款包裝 (圖 2-46)。

圖 2-46

2-4 平版 (Offset Printing / Planographic Plate)

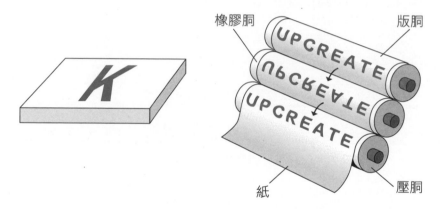

橡膠胴　　版胴

紙　　壓胴

圖 2-47

　　平版最早被發現是在石版畫上，即是用油水相斥的原理，後來在鋅版上以藥水淋灌後就會有感光與無感光的表面差別，無藥水無感光的地方就是鋅版，藥水處理過的感光區域就是要印刷的印紋 (圖 2-47)。當鋅版轉成圓型的時候，在印的過程中噴水，沾了油墨的印紋處排斥水，因此就不會沾上水，但不是直接這樣印刷，還得轉印到一個輥上。

136

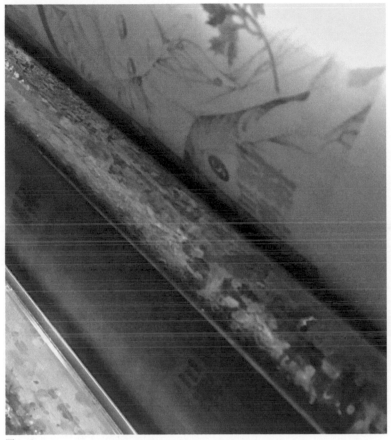

圖 2-48

　　平版印刷又稱膠版印刷 (Offset Printing)，英文的 Offset 就是輪軸的意思。原本正向的圖案轉印到輥上就成反面，這輥 (Anilox Roller) 就是膠版，大多為橘黃色的軟膠材，介於鋅版與紙之間，這層軟的膠版便於沾墨後印在紙上，一軟一硬的搭配才能印製 (圖 2-48 中間藍色那支就是滾輥，由它來承印鋅版上的油墨，再轉印到承印物上)。

　　一小時可以印 8000 張，印刷術語稱為 8000 車，有些印刷師傅為了趕時間，會開到 10,000 車 /1 hr，速度極快。墨印上後要馬上乾，因此印完之後會在表面噴粉，免得油墨到處沾染。這些工序都在瞬間完成，一般肉眼無法察覺。噴水與噴粉是平版印刷的兩個變數會影響印刷品質，機器不可變、紙張已選定，水分與粉的劑量就得靠師傅了。

1. 談談印刷的簡歷

　　石版印刷術 (Lithography) 是在 1798 年由德國阿羅斯‧塞納菲爾德偶然發現的，是由希臘文「石」(Litho) 及「寫」(graphein) 組合而成。先將質地十分細膩且有均勻細孔可吸水的石灰石板（一種含碳酸鈣成分 96% 的天然石）打磨得非常平整光滑，然後用油性樹脂在上面繪圖或寫字，再刷上薄薄的一層水，因為水油相斥的原理，讓墨在上滾動。這時有油性圖文線條的地方因為沒有水就吸附油墨；相反，空白處有水，不沾染墨，然後覆上紙，加壓，就獲得一份印刷品。

　　早期尚未發現金屬版材，石材就是可以拿來應用的最佳選擇，最著名的就是慕夏一系列的海報設計，就是透過石版印刷的技術來印製 (圖 2-49)。

圖 2-49

還有羅特列克的
作品,他長年留戀在法
國紅磨坊長大,平時喜
歡為舞孃畫速寫,他用
石版畫的印刷技術繪製
大量紅磨坊的表演廣告
(圖 2-50)。

不是什麼藝術創
作,而是用於商業的海
報創作,法國現在還保
留很多大型的海報柱廣
告,一般印刷機無法印
製,都是運用當時的石
版印刷技術流傳至今。

所以,海報與印刷
術是不能脫離的。沒有
印刷術就沒有海報的存
在,羅特列克可以說是
海報設計的鼻祖,由他
開始創作商業性海報並
且能大量工業化印製。

圖 2-50

2. 石版版材

　　圖 2-51 這塊土黃色的石灰石板就是石板版材，上面的圖案塗上了樹脂，沒有塗布樹脂的地方會吸水，墨就不會滲進去，塗了樹脂的圖紋處則排水吸墨，即可將圖文轉印在被印物上。這個石板版材是在台灣印刷探索館拍攝的，應該是後來以機械製成，透過菲林片（印刷製版所使用的膠片）將圖文轉印上去，所以圖文看起來較為機械銳利，工業感較強。早年的紅磨坊海報是手工繪製，所以線條與圖案的質感與博物館拍攝的石版版材圖紋，感受很不一樣。

圖 2-51

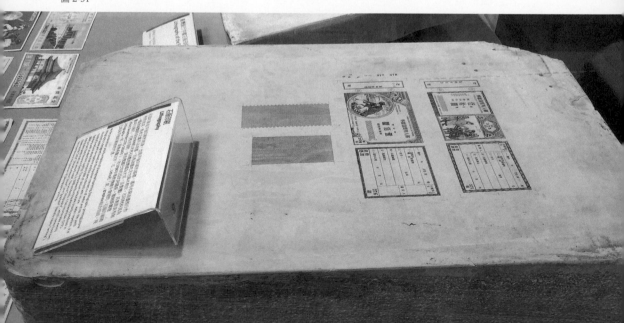

　　圖 2-52 這張也是石版印刷的石版材，石版上的印紋是機械製版的效果。以前石版是平的，不能滾動，只能靠被印物與輥滾動來印製，速度較慢。現在將石版的技術製成軟性版材，可連動被印物與輥一起滾動，速度相當快。以前的石版很厚，是因為一定的印製量之後要將石版表面再磨平再次繪製塗佈，再繪製新的印紋，所以必須有一定的厚度來乘載多次的繪製、磨平、再繪製、再磨平。

圖 2-52

3. 珂羅版

　　平版印刷技術後來又發展出「珂羅版」，是在1869年由德國人阿爾貝特 (Joseph Albert) 發明。是由石版畫到平版之間所發展出來的技術，也是利用硬的平台版材，但需印製的圖像，則是透過蛋白為感光介質，將影像一層一層做出來，因此，珂羅版又稱為蛋白版。

　　圖 2-53 這也是用於印製高仿的作品，已經有類似照相的影像原理，透過蛋白乳化感光增加層次感，與羅特列克只有線條與色塊的作品大不相同。曾見上海仍保留珂羅版仿製中國國畫，且珂羅版能製出連續階調的影像，一般的連續階調是用網點佈建，但是珂羅版沒有網點，因此階調非常細膩柔順。

圖 2-53

4. 平版設計應用實例

二十四節氣郵冊

　　現在商用平版印刷版材的變化性不高，但是可以搭配不同的油墨印製於不同的載體上，再搭配不同的加工方式，即可呈現千變萬化的樣貌，這郵冊的精裝書套是採用天然絲，在印刷時不能太熱，絲的材料會收縮，如不一次印完，再套色可能就不準，單冊封面採用麗紋紙，書脊再用天然絲印色裱褙成冊，內頁用極富手感的美術紙，所選的幾種材料，各種特性都不一樣，相對印刷技法也不一樣，往往一部書冊要動用很多工藝來達成設計所需求的效果，這些技法隨時都在考驗印務人員的應變知識 (圖 2-54)。

版
墨
色
工

02 — 認識版 PLATE |

圖 2-54

星座郵冊

　　這郵冊精裝封面是採用炫光紙，屬於塗佈金屬質感的材質，炫光紙面沒有紙張纖維毛細孔，一般平版油墨印不上去，這些載體還是可以用平版的機器與設備，改成用 UV 油墨，即可沾附載體。初期企劃時想呈現星際的闇藍色感覺，封面就選用藍色帶金屬感的炫光紙張，如果用一般的紙用平版油墨來印闇藍色，就沒有星空的效果，所以就用炫光紙原本藍色的質感，再用白色 UV 油墨來印製地球的層次。

　　如果當初選用白底帶金屬質感的紙張印上滿版藍，油墨壓印上去會破壞紙張原本的效果，選特殊質感的紙張就沒有太大意義了。UV 油墨具有不透明的特性，因此白色 UV 油墨可以很好地印製在深色底上，也可以像平版印刷一樣做出層次（圖 2-55）。郵冊內附有四張原圖明信片，我選用銀色鋁箔卡，再過網鋪上白色 UV 油墨，上面再印四色墨，過網的白色在鋁箔卡會保留銀色的質感，重要的是鋪了白色上面就可以書寫，才不會失去明信片的使用功能（圖 2-56）。

圖 2-55

圖 2-56

星座盤

　　PVC塑膠片有分白色及透明兩種，透明的塑膠片在印製完成後，要在背面印上一層白墨才能顯示出所印的顏色，或是先印白墨再印上其他顏色。這個星座盤為了達到部份鏤空的效果，所以一開始即選用透明的塑膠片，在印彩色的區域有加印白墨處理、鏤空的地方不印白，即可透視塑膠片底下的圖文。

　　這是一個上下多片的星座轉盤，為了考慮到長期使用，多次的轉動圓盤會造成印刷部份被刮損，所以將兩片轉盤分別以表刷（正面印刷）及裡刷（反面印刷）的印法，以阻絕背面印刷面被磨損（圖2-57）。

圖 2-58

源圓星幻紙樣

　　是具有金屬質感的一系列紙張，屬於後加工的特殊紙品，是需要依賴 UV 油墨來印製。UV 油墨也可印局部透明或局部消光，感覺就像是加熱燙印的效果，同樣的一張紙在鋪白與不鋪白上，印四色 UV 油墨，會有不一樣的效果，這是平版四色無法達到的效果，雖然紙的成本及 UV 油墨印製成本都較高，但在一些高奢侈品上，它的顏值較好 (圖 2-58)。

故宮古畫郵票

　　古畫古物題材的郵票在製作時不能更改古畫原作的色彩，透過專業攝影師將原作翻拍而成的檔案，在進行後製作時原畫作的顏色與光影都不能調整，此時電腦螢幕及列印的硬件都必需做色彩的校正，才能產出完美的複製作業（圖 2-59 CAPSURE 色彩校正儀）。

　　圖 2-60 此案例是用平凹影寫版來印製，印刷線數可達 700 線。這種古畫郵票的印製特別嚴謹，已算是高仿複製品的規格，因為要用印刷的工序還原古畫的原貌，挑戰度相當高。

圖 2-59

圖 2-60

千禧年郵冊

從 1999 年跨 2000 年的世紀千禧年，我設計了這本郵冊 (圖 2-61)，為了要表現時間的推進，我在封套上用 1998、1999、2000 的數字來表現 (圖 2-62)，把數字印在透明片上再包覆於封面，整體看起來有穿透感，順著封套上 2000 的數字翻開，透明片封套摺口上正好出現 00 的數字，意謂者新世紀的開始，封面內的摺口附上一張蓋有 1999/12/31 的郵戳，相對的在封底裡的摺口上附上一張蓋 2000/1/1 的郵戳，用以證明這是一份跨世紀的紀錄 (圖 2-63)。

圖 2-61

圖 2-62

圖 2-63

封套材料為 PVC 透明片，
所以要用 UV 油性墨來印製，為
了要有穿透性可以看到封面的橫
紋銀箔卡質感，必須在 UV 油墨
上過淡，最後以過網方式來達到
所要的效果 (圖 2-64)。

圖 2-64

三國演義郵冊

這郵冊的精裝封面是採用天然絹，用平版四色印刷但不能太高溫，絹的材料會縮，書名部份再用後加工燙金處理，為了怕燙印不準所以在底圖並沒有作留白處理，但金箔直接燙印在已印完油墨的絹布上，會產生拔墨或掉金箔的問題，這就必需從燙金箔膜及加壓溫度來調整了（圖 2-65）。

圖 2-65

故宮祥瑞郵摺

　　值丁酉年來臨之際，為了紀念生肖交替更迭，中國郵政／故宮郵局特別發行「故宮祥瑞」明信片一套兩枚及迎春紀念封一枚。主題選北宋趙佶〈芙蓉錦雞圖〉及清沈銓〈蜂猴圖〉來印製，為了章顯精選藏品，寓示皇家祥瑞之福運，原版文物復刻的尊貴，在材質上選可印刷用的絲絹來印明信片，並在明信片紙邊刷上金漆，仿古氣氛濃厚，封面也採用有漆皮質感的紙材來復刻以前奏摺的感覺 (圖 2-66)。

2-5 孔版 (Porous Plate)

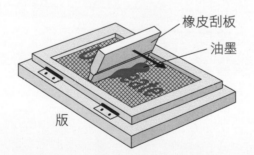

橡皮刮板

油墨

版

圖 2-67

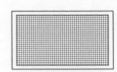

絹或金屬網

印紋透空

印紋透空版

印刷完成

就是俗稱的絲網印刷、絲網印、絲印、絹印，之所以稱「孔」，古代原始在山洞內發現樹葉被蟲咬的造型圖案，研判可能是將樹葉磨成汁液後，對著葉子噴灑在岩壁上，而汁液穿透樹葉上被蟲咬過的孔洞，所以岩壁上最後呈現樹葉的位置沒有被噴上汁液，被蟲咬過的孔洞以及樹葉輪廓以外的地方被噴上汁液。這些樹葉上的孔洞就是網版印刷的原始原理。

印墨能往下滲漏到被印物上成為印紋，後來發展到絹網為版材，絹網由經緯織線交織而成，中間有很細的孔洞，絹網上在印紋以外的地方塗佈乳劑遮住，露出印紋的地方不塗佈，即成為網版，油墨在網版上刮過之後，油墨經過沒有塗佈的地方就會往下滲漏印於載體上 (圖 2-67)。

在網版上遮擋油墨的化學乳劑有水性也有油性，如果油墨染料是油性，那搭配的化學乳劑就必須是水性，相反如果油墨是水性，乳劑就必須是油性，這樣才能保持網版的耐用性。

網版版材，四周用木框或金屬框架繃緊絹絲，上面塗佈感光乳劑來顯影印紋，油墨經過被顯影掉而露出的網目後即可轉載到下面的載體（圖 2-68）。

圖 2-68

網目大小是靠絹絲粗細來調整，絹絲越粗代表印墨越厚，反之絹絲越細代表印墨越少，絹網的粗細及疏密，會影響的是載體上油墨的厚度與精細度 (圖 2-69)。

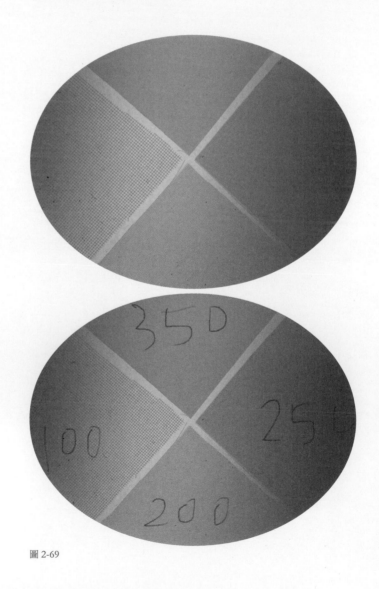

圖 2-69

　　網目大、油墨厚，邊緣線較鈍；網目小、油墨薄，邊緣線銳利。現在也有開發不鏽鋼的孔版版材用以取代絹布。絹布的網眼比較粗，肉眼可見，但是不鏽鋼網絲可以做到 700~800 線，可以印得很細膩，網版印刷在包裝上使用很多，因為它製版快速經濟，成本較低，市面上的一些立體式的包裝，例如瓶瓶罐罐，大部分都是孔版印刷而成 (圖 2-70)，附錄 14 為字體大小及線條粗細的對照表，供各位參考。

孔版印刷
動態影片

圖 2-70

1. 網版的藝術性

普普藝術 (POP Art) 家 Andy Warhol 創作一系列現代藝術作品，他把影像先做高反差成黑白，類似 Due-tone 的效果，再拆成 CMYK 的套色版隨意套上任何顏色，例如：原本紅色的版改印藍色、黃色的版改印紅色，疊印出的效果產生出特殊的藝術性，這是 Andy Warhol 利用網版原理玩得很出名的系列作品，只要出一套版，顏色隨意套用，可變化出上百張系列作品 (圖 2-71)。

這在色彩學上稱為色調分離 (Posterization)，但是現在用電腦做色調分離，也不能成為 Andy Warhol，因為這手法別人早已玩過了。這是在歐普藝術 (OP Art) 之後發展的過程，現在看來可能已經是老梗，但在當時是藝術主流，在藝術與商業之間，Andy Warhol 銜接得非常好。

圖 2-71

2. 孔版設計應用實例

CHA520 時尚茶品

　　馬卡龍色的紙張，只要一組刀模、網版印白也只要一組，套印在各式顏色的紙張上，以最經濟的包裝印製成本應用於產品的延展。如果當初選用白紙印製滿底色，可能每一批印好的底色都有些微差距，很難控制。

　　是先有想法才有材料？還是先有材料才有想法？應該是先有材料才能觸發創意想法。設計成不成熟，要看是否能因應材料而做靈活運用，而且可以從成本及印製工序上去做出最好的安排，沒有材料知識的設計師有很高的機率在落地時遇到困難 (圖 2-72)。

圖 2-72

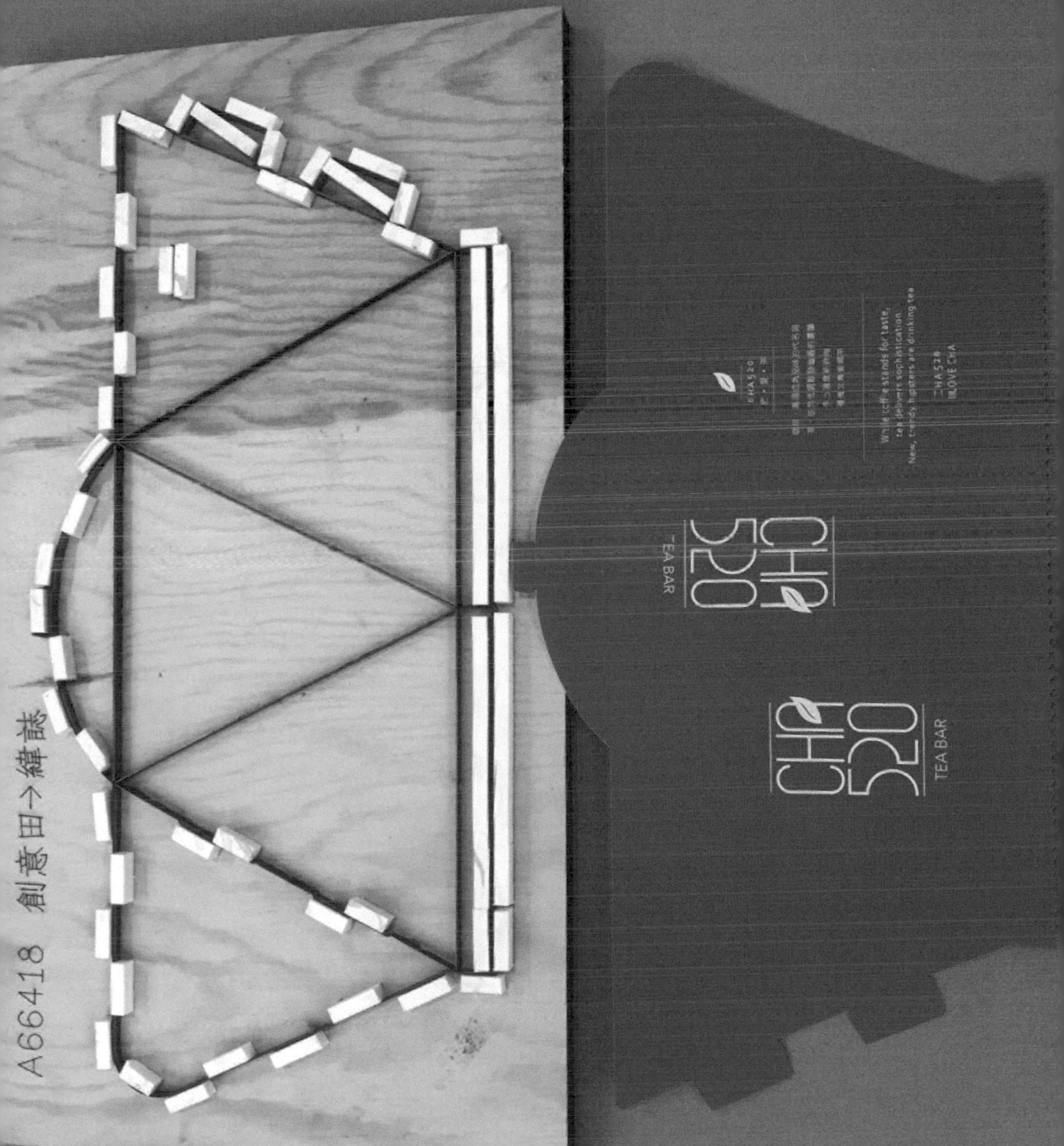

A66418 創意田→緯慈

heme 乳液瓶

　　瓶子先成型後再進入印製工序，在有弧度的瓶身上要印上品牌名稱，一定要軟的版材才能勝任，絲網印的版雖然有框架繃著，但版材本身是軟的，所以可以用於曲面印刷及移印，但也不能無止盡地彎曲，那麼，如何搭配有弧度的瓶身印刷呢？想像翹翹板左右搖擺的樣子，版就是機械式地左右搖擺將圖文印製在瓶身上（圖 2-73)。

圖 2-73

網版印刷金色，帆布袋纖維較粗，印了金色後顯色不佳，因此在印製時透過粗網目來控制金色油墨的厚薄。這裡的厚薄概念不至於摸起來有油墨突起的立體效果，而是以較厚的油墨填滿纖維，顯色較佳 (圖 2-74)。

圖 2-74

圖 2-75

星座夜光信封

　　這是配合星座郵票發行的周邊郵品，有海報、郵摺、星座盤、星座馬克杯等，因應星座的空幻特性，在載體及使用媒介上，我加入各式各樣的印刷工藝呈現它的豐富性，例如：打凸、印雷射金、夜光油墨等，每種工藝都對應使用的版式，而各種印刷的加工先後也有所不同。這信封上的星座打凸圖案為了達到立體效果，必需先把左上角的星座符號用網版把夜光油墨印好再打凸，再去軋信封刀模，而用手工將信封糊合，才能保持打凸的效果（圖 2-75）。

　　這案例是以張大千畫作為主題的桌曆，封面是採用透明壓克力材料，因壓克力的厚度很厚，根本無法採用自動化的機器來印製，這時網版正是派上場的時候。首先在透明壓克力的背面印上墨綠色滿版字反白 (將字做反，是用裡印原理)，在墨綠色上再印橘色滿版字也反白 (鏤空)，而字的位置錯開，因為網版印刷可以選用粗網目來印製，一次性印製並可選用不透明油墨，印得很厚能遮住下層的顏色，這特色正是一般版式所無法達到的工藝 (圖 2-76)。

圖 2-76

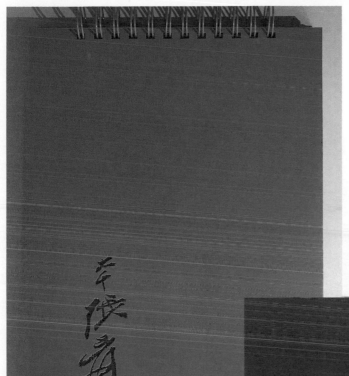

圖 2-76

2-6 總結

　　凹凸平孔四種的版式與原理，大致上說明並舉一些實際落地的案例介紹彼此的工法，現在再快速地複習總結一下，以下來比較一下各版式著墨轉印的不同點：

表 2-1 各類版式說明

版　式	說　明
凹版	印製成品的油墨可以摸出明顯的凸起，凸起的高低起伏即意味著油墨的濃淡厚薄。凸起程度小一點的顯色較淺、凸起程度大一點的顏色較飽和。油墨本身是透明的，所以疊積越厚的油墨透明度越差、顯色飽和度越高。
凸版	沾了多少油墨就直接印在載體上，跟橡皮章原理一樣。
平凹版	墨會凹進去一些，沒有凹版那麼深陷的溝壑。
平版	墨與紙面根本摸不出任何差異。
孔版	視所選用的網目粗細而決定墨的厚薄。

由圖 2-77 來看，平版的墨較薄，也因為墨很薄很透，才可以
將 CMYK 混合成各種顏色。兩個單色相疊成第二次色，再疊加另一
色成第三次色，按照這原理可印製出很豐富的色域。

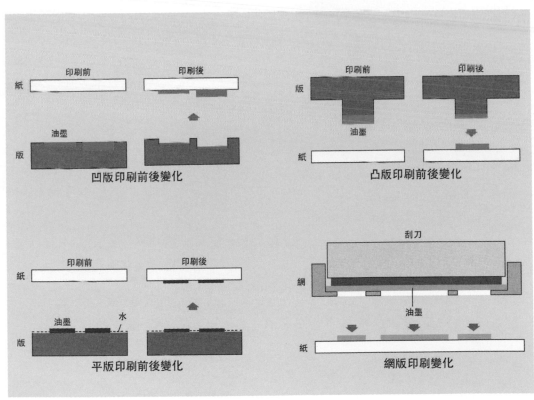

圖 2-77

但要如何從印刷成品分辨是什麼版所印製的呢？絲網印的油墨是與網目等高的厚度，凹版則有高低起伏不同的油墨厚度。如果摸不出油墨厚薄，可以從印製圖文來觀察。用放大鏡來看，如果圖文邊緣有鋸齒狀，是凹版，因為吸力與張力不均勻。如果邊緣有點膨脹，則是凸版，就像蓋印橡皮章時呈現的效果一樣。平面印刷則是邊緣較銳利，但是因為印製過程中有油有水，所以會有類似斑駁不均以及斑點的現象（圖 2-78）。

　　從這圖 2-78 也可以反映出來：絲網印的字看起來比較瘦，凸版筆畫較胖，平版最標準。如果要用凹版印刷，可是字的粗細要達到平版的標準，字體筆畫就得加粗。如果要用凸版印刷，例如：包裝背面的成分文字密密麻麻，字體筆畫就得適當調細。所以運用的時候要搞清楚什麼版式，才知道如何在稿件做適當的調整對應。

凹版印刷文字特徵

凸版印刷文字特徵平版印刷文字特徵

平版印刷文字特徵

圖 2-78

3

辨識墨
INK

3-1 油墨種類

　　根據使用的印版不同，油墨可分為凹版油墨、凸版油墨（包括鉛印油墨、樹脂凸版油墨等）、孔印油墨、乾膠印油墨和平版（膠印）油墨等多種，此種分類方法較為常用。而我們常用的墨種類大致分類如下：

1. 礦物油墨

　　早期的廣告顏料、水彩顏料等，都是萃取自礦物所製成，無機顏料是由有色金屬的氧化物或一些金屬不溶性的金屬鹽組成，無機顏料又可以分為天然無機顏料（礦物顏料）和人造無機顏料；有機顏料是指有色的有機化合物，也可以根據來源分為天然和合成兩大類。

　　常用的印刷用有機油墨基本上都是合成有機顏料，色彩齊全，性能優於無機顏料。印刷時對於油墨顏料的要求較高，特別是顏色的色澤純度、分散度、耐光性、透明度。因此礦物油墨相較來說較不安全，但是礦物油墨便宜，一般平版印刷大多使用礦物油墨，顯色度佳、耐光性強、不易褪色（圖 3-1）。

　　經過光線照射最容易褪色是黃色油墨，再來是紅色油墨。有些包裝會去做耐光測試，確保在貨架上的保固期。賣場的鹵素燈，其光源大約在 5500~6000K 之間，照射強、反射快，也易造成包裝褪色；反之室內白光或暖光的波長較短，適合閱讀。為了減緩褪色速度，則有覆膜的工藝產生，純粹從功能來看，也就是在包裝的表面多加一層阻絕光源的障礙物（覆膜）。為了色彩穩定度，Pantone 色票色墨還是採用礦物油墨，而非水性或大豆油墨。

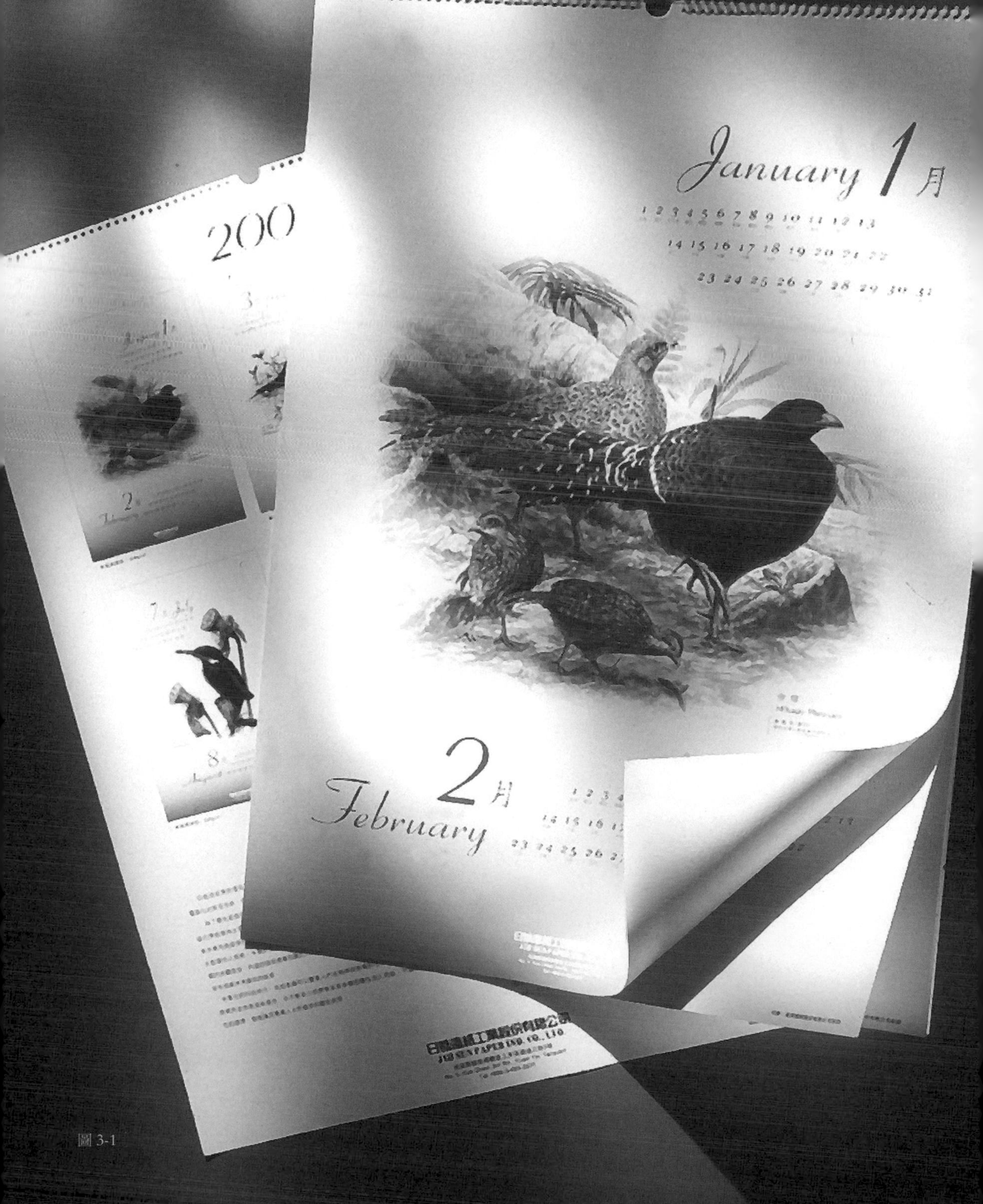

圖 3-1

2. 水性油墨

　　前面提到油性的油墨，版的遮蔽物要用水性乳劑，反之，水性油墨則需搭配油性乳劑，這樣才能延長版的壽命。瓦楞紙箱雖然蓬鬆很厚，但中間是空心的，壓力不均的話，印製上去的圖案會依循內楞而呈現條狀（圖 3-2）。這樣的中空載體，就要用軟的版材去印製，柔版印刷搭配水性油墨是最適合的版材及印墨。

　　因應環境保護及人體健康問題，現在市面上的印刷品都大量的採用具環保特點的水性油墨，又叫做水基油墨或者水性墨，比傳統油墨更環保，常用於絲網印刷中。水性油墨是由水溶性樹脂、高級顏料、溶劑和助劑經複合加工研磨而成。水溶性樹脂在油墨中主要擔任連接料的作用，使顏料顆粒均勻分散，令油墨具有一定的流動性，產生與承印物材料的黏著力，使油墨在印刷後形成均勻的膜層。水性油墨的溶劑主要是水及少量乙醇。常用助劑主要有：pH值穩定劑、慢干劑、消泡劑、沖淡劑等。

圖 3-2

近年來紙箱的印刷越來越精美，圖案印得很細緻，現在外紙箱的功能，從以前的物流功能慢慢變成陳列促銷時的重要設計促銷物。因銷售的行為在改變，如大型量販店、連鎖量販店等，都改以堆箱的方式在販售，尤其是低價的快速消費品，為求薄利多銷，整箱整箱地販賣早已成趨勢，所以廠商也開始注重外箱設計，且印刷技術也慢慢被要求而有所提升。

目前有傳統的橡皮凸版及越來越細緻的樹脂版（圖 3-3），已可以做到 150 線的細緻度，有些高價的商品外紙箱，會先以平版印製再裱於瓦楞紙。

圖 3-3

3. 大豆油墨 (Soy Ink)

是以大豆油為材料所製成的工業印刷油墨。相比於傳統以礦物為材料的油墨，大豆油墨被認為較為環保而且利於廢紙回收再生，而且印刷上也有色彩更鮮明和省墨的優點，不過乾燥需要較長的時間，為其缺點之一。

屬食品級的大豆油墨可以接觸食物，例如：紙杯、餐盒這類印製品 (圖 3-4)，印製設備的溶劑、染劑、洗劑等也有特殊規範。如果一般的平版印刷改用大豆油墨，並無任何意義，因為設備沒有相關的配套措施，不符合大豆油墨可印製食品安全的要求。

圖 3-4

圖 3-5

　　有些企業使用的大豆油墨，印製物上會加上如圖 3-5(表示印刷品是使用大豆油墨印刷的標誌。此標誌的使用需得到美國人豆協會 (American Soybean Association) 的認可) 的標章。這也是類似之前提到紙張 FCS 的國際認證標誌，對貿易進出口相對來說較容易。

　　大豆油墨是美國設定的機制，因為基因改良的技術問題，導致農作物過剩，所以將這些過剩且不適合人類食用的基因改良農作物再製成工業用的生質柴油、大豆油墨，之後強勢規範進出口貿易規定。這也在在應證了誰的經濟開發能力強，誰就掌握了發言權。

　　大豆油墨完全無毒，這點就優於礦物油墨，但是大豆油墨屬於水性油墨，著墨穩定度及顯色度又不及礦物油墨，且易褪色，所以各有優缺點。

4.UV油墨 (Ultra Violet Ray 紫外光固化)

　　是指在紫外線照射下，利用不同波長和能量的紫外光使油墨連接料中的單體聚合成聚合物，以達到油墨成膜和乾燥的目的。 UV油墨也屬於油墨，作為油墨，必須具備艷麗的顏色、良好的印刷適性、適宜的固化乾燥速率，同時有良好的附著力，並且耐磨、耐蝕、耐候等特性。

　　UV油墨是一種經濟、高效的油墨，已經涵蓋所有印刷領域，但由於價格較溶劑型油墨貴，所以一般在高檔印件上較多使用。UV油墨品種包括UV研磨、UV冰凍、UV發泡、UV起皺、UV凸字、UV折光、UV點綴、UV光固色、UV上光油的特殊包裝印刷油墨。在金屬鏡面光澤的印刷表面，採用絲網印刷工藝將UV油墨印刷於光澤的表面上，圖3-6是UV墨印在透明及鋁箔卡的百分比對照樣，透過乾燥設備以UV光加工後，產生一種獨特的視覺效果，顯得高雅、莊重、華貴，主要應用於高價的煙酒、化妝品、保健品、食品外盒、醫藥的包裝印刷。

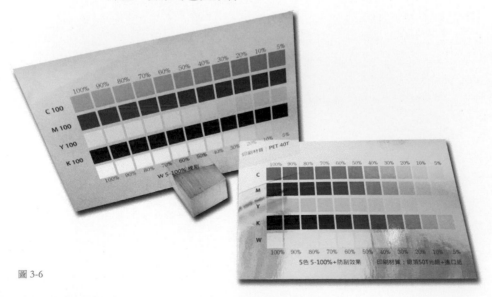

圖 3-6

圖 3-7

　　UV 墨可印製於沒有紙張毛細孔的載體上，例如：鋁箔卡、塑膠料片；也可以選擇透明或不透明，包括白色 UV 油墨也有透明或不透明之分。為了呈現鋁箔原來的金屬感，就得選透明油墨 (圖 3-7)。

要乘載包裝文字面積
的白色區域，為了閱讀清
楚，建議選擇白色不透明
UV 油墨，可以再加上過
網處理做出深淺層次的變
化 (圖 3-8)。

圖 3-8

5. 感溫油墨

這張英國郵票談環保與四季變換，放在手上透過手溫加熱，部分紫色區域會變成藍色。黑色的這艘船放在手上久了，會因為溫度變化而顯現出圖案 (圖 3-9)。

英國感溫
變色郵票
動態影片

圖 3-9

巧克力在環境升到一定的溫度後會軟化，為了提示消費者保存巧克力的最佳溫度，有一款巧克力包裝就運用了感溫油墨印製，藉由感溫油墨印製處的圖案與顏色變化提示消費者巧克力最佳的食用溫度。當溫度過高時再將巧克力放回冰箱降溫，降到某個溫度後又會出現最佳食用狀態的顏色與圖案 (圖 3-10)。

　　這些屬於「善意設計」，與視覺美化沒有關係，主要用意在於「提醒」。感溫油墨也可以印在杯子上，倒入熱水的前後會有不同變化，也是提醒「小心燙口」的善意設計。這是在油墨內加入化學粉劑，而不是特別的 CMYK 油墨。

圖 3-10

　　可口可樂是最會玩行銷的一個快消品牌，百年來它的口味永遠沒變，變的是它在廣告、包裝上玩新玩變到極致，可口可樂的包裝給我們的印象是紅白配，如在貨架上看到一瓶全黑的可樂，好奇的你一定會拿起來看看，這瓶全黑的可樂拿在手上，用手溫度就可以把黑色變為透明，看到可樂的原色，這就是變溫油墨有趣的地方(圖3-11)。

圖 3-11

在冰箱中冰涼的可口在標籤上的冰塊圖案有藍色，一但退冰後冰塊圖案會變成白色，就提醒我們不夠冰涼了 (圖 3-12)。

可口可樂
感溫變色
動態影片　圖 3-12

6. 香味油墨

　　這個案例是台灣郵政當局推出的第一套個人化郵票，是由我提出企劃，過程中還包括選用的打印機較不易沾黏郵票紙張、如何設定印製照片的位置等軟件、硬件、系統的設置。為了全台郵局窗口都能承接印製個人化郵票的業務，所以必須將印製規格與設備系統化，才能掌控印製的品質與精準度。

　　郵票發行時會有相應的郵品推出，這是一套配合祝福個人化郵票發行的周邊郵品，郵票主題以十種花代表十個節慶，可以使用本套設計的專屬信紙及信封，貼上特定節慶的祝福郵票寄給對方，在四色平版印刷的信紙及信封上，我配合十種花的香味，在信紙及信封上用網版印上香味油墨，花香味是由化學分子調配，印上去沒有顏色，就像平常在彩圖上印上水性光一樣，一點點亮感，只要用手的溫度磨擦一下，就會釋放出花香味 (圖 3-13)。

圖 3-13

7. 夜光油墨

　　夜光油墨是採用稀土發光材料，通過高科技手法而製成。在白天吸收太陽光 10~30 分鐘，便自動持續發光 10 小時以上，所以到深更半夜仍舊發光，特別是在黑暗中發光格外明亮、醒目，它如同霓虹燈廣告，霓虹燈需要電源才能發光，而夜光油墨無須用電，節省能源，無限循環使用 (圖 3-14)。

圖 3-14

8. 螢光油墨

螢光油墨是發光材料，是能夠發射光的物質。該物質在陽光照射下吸收太陽光輻射的能量，儲存起來後以熱的形式表現出來，或者發生光化學反應，或者能量以可見光的形式散發出來。吸收的輻射能比散發的能量波長短。

吸收不同顏色的光然後散發出來的現象，稱之為「螢光」；吸收光之後在黑暗環境中發光的現象，稱為「磷光」。二者的不同在於磷光吸收自然光或人工光後，即使光移走仍可在黑暗的環境中發光，而螢光在吸收光之後必須在光的存在下才可以發光。

螢光油墨在夜光或者紫光存在的情況下也可以發光，但是在黑暗無光的情況下不發光，它不但能夠表現出本身的顏色，而且具有吸收光和改變光強度的能力，使得它表現出的顏色具有更強的光強度，但色相（或顏色）不變。Pantone有螢光色票（內地稱為霓虹色），螢光油墨大概有紅、藍、黃，從這三個基底色可以調製出任何螢光色，黃螢光墨與藍螢光墨可調製出綠螢光色，紅螢光墨與黃螢光墨可以調製出橘螢光色。螢光油墨顯色較鮮艷、彩度高，在燈光昏暗的地方也不會有特殊效果，不同於夜光油墨吸附光源後在暗處可顯現圖文，兩者別混淆了。這兩種油墨都禁止使用於直接接觸食品的包裝上（圖 3-15）。

圖 3-15

9. 珠光油墨

　　光油墨具有貝母閃色的效果，其實是在礦物油墨內加入珠光粉。圖 3-16 這套郵票是諾貝爾百年紀念郵票，採用凹版雕刻七色再加平版四色。

圖 3-16

　　郵票局部有金屬效果，但拿網點放大鏡去看，並不是金或銀的油墨去做掛網。金或銀的油墨如果做掛網，網點很粗，很容易辨識，因為金及銀本身是金屬粉，所以顆粒很粗。這套郵票的金屬效果是在油墨內加入珠光粉去印製，呈現貝母折射的效果。這套郵票還有特別的地方，附籤票上每個人的眼睛圖像是凹版印刷，簽名處又是類似凹版立體效果，本以為是凹版上再一次凹版印製，以放大鏡去看，才發現簽名處是絲網印的局部上 P，絲網印印厚一點的油墨，可做出仿凹版的效果 (圖 3-16)。

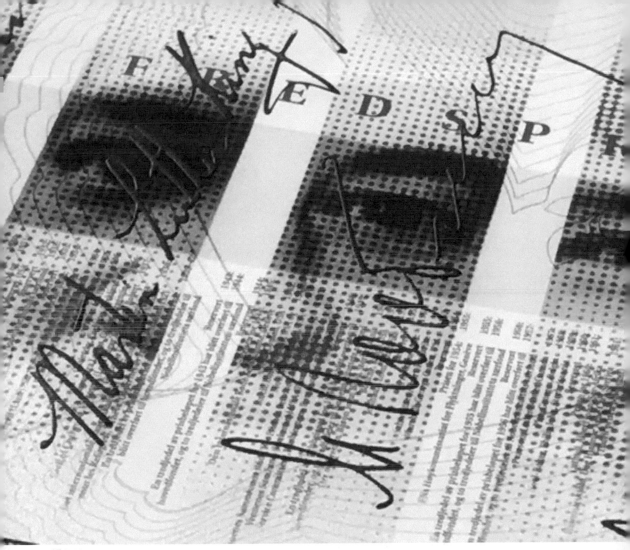

圖 3-16

　　印製精美的郵票幾乎等同於收藏品，郵票是由英國人發明，全世界只有英國的郵票不需在票面上標註國家名稱，這還是回歸到誰掌握話語權的話題上。講到話語權，中國已成世界強國，十二生肖文化已成國際間重要的規劃主題，不論是郵票、奢侈品、化妝品、運動鞋等，無不跟上十二生肖的潮流，年年推出應景的產品。這也是話語權。

10. 積層軟袋油墨

軟袋又稱「積層包裝」，採用裹印工藝，是未來包材的趨勢。在應用加工、印刷或是保存的便利性，很適合少量多樣的商品；在環保的要求下，它不會比其他的材質差，因為它積層的特性，可以依內容產品而去選擇積層材料。

在油墨的各種耐光性、耐水性、耐酸性的表現上都優於其他油墨，如圖 3-17 它的油墨薄度可以達到 10μm°的透明度，而底下鋪白與不鋪白墨，又會產生更多的色相，對於被裱褙的材料有很好的透視效果，對於設計師而言，將是多一個可以應用的好材料 (圖 3-18)。

圖 3-17

同一色墨可以叫到各種嚊淡，底部鋪白與不鋪
白用與底色疊印，就會產生各樣的第三次色

圖 3-18

印刷油墨顏色均勻度一直是產品品質管控的重要指標之一。一般有版印刷（平版、凹版及柔版這類需要製版的印刷）產品透過版胴載墨，刮刀去除多餘油墨，壓胴印壓等等過程，轉印到薄膜或紙等材料上，而這樣印刷過程中，如果各個環節上稍不注意就很容易產生油墨不均勻的情況。

　　數位印刷（無版印刷）的機台，因為不需再透過印刷版的轉印，而是經由電極吸墨轉印，有別於傳統利用壓胴印壓傳遞油墨的印刷方式，就比較不會產生墨色不均等問題，在有版印刷中反倒比較常見印刷油墨顏色不均的情況。

　　版胴為印刷版的統稱，壓胴為壓住印刷膜使其跟版胴密合得以均勻上墨，舉例凹版輪轉印刷機版胴之著墨關係（圖 3-19 輪轉印刷機之基本構造）。

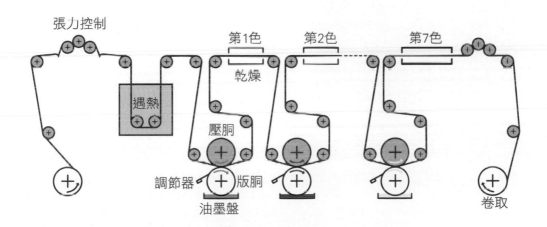

張力控制

第1色　　第2色　　　　第7色

遇熱

乾燥

壓胴

調節器　版胴

油墨盤

卷取

GRAVURE 輪轉印刷基本構造

圖 3-19

著墨不均往往會是如下的關係所造成：

1 壓胴磨損造成表面破損

壓胴因為長時間接觸油墨，多多少少都會沾附油墨甚至是溶劑（常見於凹版），如果沒有定期清理壓胴上面的殘墨，殘墨就會凝固在壓銅表面，久而久之造成壓胴表面破損，在印刷時就會因為壓胴上的瑕疵、裂痕而受墨量不均，產生轉印不良。

2 壓胴本身弧度不夠或是受損造成弧度不夠，造成「片壓」

壓胴本身是一個有曲度的圓柱體，中間厚兩邊薄（圖3-20），因為壓胴在加壓時兩側壓力較大，中間壓力較小，所以在中間做得厚一點就能讓整體的壓力可以平均。但是如果因為長久使用磨損，就會讓整個壓胴的曲度變平情況，這樣就會導致壓銅無法善盡跟版胴密合的作用，導致壓的密實的地方顏色較深跟不密實的地方顏色就會偏淺甚至沒有印出來（壓力不足），就會產生俗稱的「片壓」。

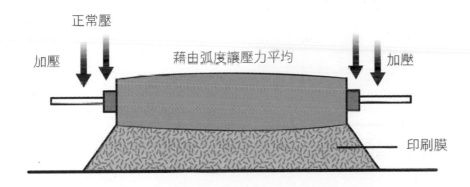

正常壓

加壓　　藉由弧度讓壓力平均　　加壓

印刷膜

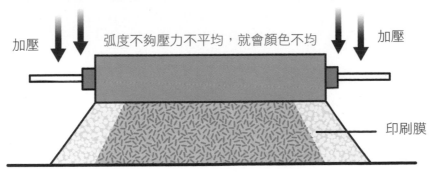

受損或弧度不夠的壓

加壓　　弧度不夠壓力不平均，就會顏色不均　　加壓

印刷膜

圖 3-20

❸ 刮刀與版銅之間的角度過高或過低，甚至刮刀破損，造成顏色不均

刮刀在印刷中扮演十分重要的調節者角色，因為版胴從油墨槽帶上來的油墨會根據網點的設計不同載墨量也不同，而刮刀需要在版銅轉印在印刷膜之前把多餘的油墨刮除，讓所有網點能夠完整轉印 (圖 3-21)。

如果刮刀設定的角度太高就會刮掉太多的油墨，造成油墨不足導致整體顏色偏淡；相對的刮刀設定角度太低就會造成整體顏色偏暗。甚至如果刮刀本身有破損 (缺口) 就會造成印刷膜上出現一條細長的深色線，俗稱「刀線」。

❹ 版胴雕刻時沒有雕刻到足夠的深度或是雕刻針磨損，導致吃墨量不夠

有時候版胴雕刻時因為設定偶發異常導致刻的深度不夠，或是雕刻刀磨損嚴重無法雕到更深，就會造成版胴的網點深度不標準，造成印刷時顏色飽和度不足的問題。

❺ 版銅放置超過一年或版銅磨損

一般版胴若置放太久就會因為環境濕氣產生鉻面氧化或是剝離，就一定得要退鉻重新鍍鉻，甚至重新雕刻。另外，若是本身印刷量非常非常大，會因為機台的高速運轉導致版胴跟刮刀互相磨耗，無形中刮刀就會被把網點磨到越來越淺，所以通常大量印刷時都會再備一個同樣的版胴隨時替換，避免這個原因造成之後的印刷品越印越淺。

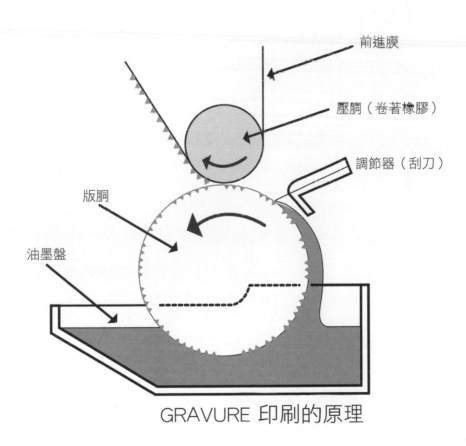

前進膜

壓胴（卷著橡膠）

調節器（刮刀）

版胴

油墨盤

GRAVURE 印刷的原理

圖 3-21

3-2　UC 大不同

　　紙張分成塗佈與非塗佈兩大系統，造紙完成後屬於非塗佈的紙張，因應各種質感要求再加工成雪銅、鏡銅等塗佈紙張。塗佈與非塗佈的紙張，後續印刷工序也會有相應的影響，色票也因此有 U 與 C 兩大系統。

　　非塗佈紙張的顯色效果比較暗沉，塗佈紙張本身比較量，折射出來的顏色效果較鮮艷，色票的編碼後會有 U 或 C，U 是非塗佈 Uncoating 的縮寫，代表這張色票的顯色效果是在非塗佈紙張上，反之 C 則是印刷在塗佈 Coating 的紙張上。因此，如果拿塗佈的紙張選 U 的色票、選 C 的色票印在非塗佈的紙張上，這是相當不專業的。所以完稿前，務必搞清楚是 U 或 C 的紙張，色票上也務必標清楚是 U 或 C(圖 3-22)。

圖 3-22

solid chips coated
rademark for color reproduction and color reproduction materials.

uncoated
ction and color reproduction materials.

PANTONE® Yellow C	PANTONE® Yellow C	PANTONE® Yellow C	PANTONE Yellow C	PANTONE® Yellow U	PANTONE® Yellow U	PANTONE® Yellow U
PANTONE® Yellow 012 C	PANTONE® Yellow 012 C	PANTONE® Yellow 012 C	PANTONE Yellow 012	PANTONE® Yellow 012 U	PANTONE® Yellow 012 U	PANTONE® Yellow 012 U
PANTONE® Orange 021 C	PANTONE® Orange 021 C	PANTONE® Orange 021 C	PANTONE Orange 02	PANTONE® Orange 021 U	PANTONE® Orange 021 U	PANTONE® Orange 021 U
PANTONE® Warm Red C	PANTONE® Warm Red C	PANTONE® Warm Red C	PANTONE Warm Re	PANTONE® Warm Red U	PANTONE® Warm Red U	PANTONE® Warm Red U
PANTONE® Red 032 C	PANTONE® Red 032 C	PANTONE® Red 032 C	PANTON Red 032	PANTONE® Red 032 U	PANTONE® Red 032 U	PANTONE® Red 032 U
PANTONE® Rubine Red C	PANTONE® Rubine Red C	PANTONE® Rubine Red C	PANTON Rubine F	PANTONE® Rubine Red U	PANTONE® Rubine Red U	PANTONE® Rubine Red U

圖 3-22

UV 油墨有沒有 UC 之分呢？答案是：沒有。UV 油墨本身是壓克力原料，印完後經過 UV 紫外線照射後就固化，印在霧面的也亮、印在亮面的也亮。如果表面想有啞光效果，那是在印完 UV 油墨後再後加工，而不是油墨本身有啞光效果。

印刷廠油墨師傅在調 Pantone 色墨時，到底先調 U 還是先調 C？還是看色票 C 就調 C、看到 U 就調 U？答案是：先調 U。從 U 的基本先去調油墨，因為 U 是印製在非塗佈的紙張上，不會有塗佈表面的粉劑或化學藥劑的折射光源影響，算是最原始的色彩基調，顯色較為精準，不會因環境或載體的參數而改變。

(3-3) 油墨總印量

　　油墨總印量，事關影像管理。假設用黑色與暖灰色兩個專色去做成類似黑白照片的影像，最濃的影像處可能是黑色專色油墨 100% ＋暖灰專色油墨 100%，總印量為 200，這樣的數值在紙張上的吸墨度還能承擔。

　　油墨總印量是在做彩色圖片的管理，例如：雜誌或書籍有大量彩色圖片，這是在檔案內也可編輯與檢查，但須事先確認載體是塗佈或非塗佈紙張。Photoshop 可以做很細膩的圖像層次，如果印製在塗佈紙張，可以有比較不錯的顯色與細膩效果；如果印製在非塗佈紙張上，紙張吸墨較強、顏色較沉且會犧牲許多圖像的細膩層次。

　　編輯整冊的影像處理必須搭配載體的適性來做調整，這個調整的作業可以在電腦內批量化設定，只要先調整好一張影像，把格式參數等存取之後，這張處理好的影像格式會如同一個範本，所有的圖片都會依照這張影像的格式參數來一併調整。

　　油墨總印量的功能在於為大量圖片的印製物件做出色彩均一的調性，例如：有些圖片反差很大、有些圖片很多細膩層次，在同一台印刷機上與同樣的紙張上，就必須整合出一個平均值，印製的品質就比較易於控制且統一，也不會印糊或背印到反面。油墨總印量可以說是影像的總控機制。

曾有人提出下列問題：

Q：請問印刷時如何使用控制完稿時的 CMYK 小於 330%
呢？有時在合版印刷或雜誌交稿時會 接到 CMYK 總合
過高的訊息，想了解該如何使用 Photoshop 或 InDesign
設定？

A：前面提到油墨滿版是 100，CMYK 加起來就是 400。如
果油墨印得很飽達到 400，是滿版沒有層次的，到 380
也都算是很飽和的狀態，定在 330 其實是合理的數值，
意思就是四色油墨最濃的地方加總為 330。油墨總印量
不能在 Illustrator 控制，只有在 Photoshop 與 InDesign
才能設定。

從 Photoshop 設定油墨總印量，可以從色彩描述檔裡的自定義 ICC 描述檔，去做油墨總印量的轉換 (圖 3-23)。打開 Photoshop 的編輯，下拉選「指定描述檔」

圖 3-23

首先，記得把所有 RGB 的影像轉換成 CMYK，將描述檔選為「CMYK」，或是依輸出硬體設備要求，選定所需描述檔，而在各種描述檔中的顏色上皆會有色差，如圖 3-24，油墨總印量只對 CMYK 有效，圖片會重新套用自己所設定的文件模式 (圖 3-25)，套用 ICC 後，圖片就會依照所設定的色彩做批量調整，油墨總印量就不會超過設定的數值。將描述檔選為「CMYK」或是依輸出硬體設備要求，選定所需描述檔，其各種描述檔在顏色上會有色差。

也可以依本次的設計內容要求而自訂，並可將四色分開處理，最後依所選用的紙質來設定油墨總印量，建議非塗佈紙類油墨總印量不要設定太高，以免影響圖片的中間調層次。

圖 3-24

圖 3-25

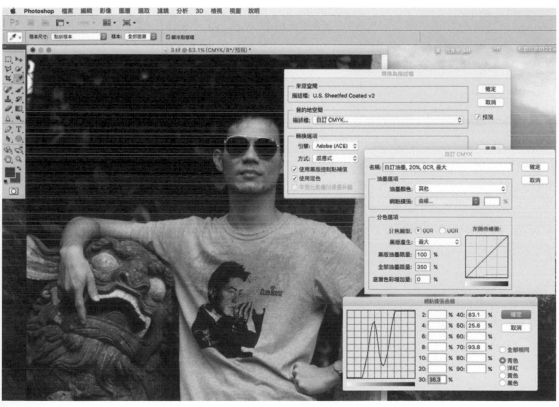

圖 3-25

　　而 InDesign 目前沒有直接轉換圖片色彩或油墨總印量的方法，需要注意的是，當放入油墨總印量更改完成的圖片後，InDesign 的 ICC 色彩描述檔 (ICC, International Color Consortium) 設定最好與 Photoshop 更改過的圖片 ICC 相同，色彩才不會又被重新定義。

3-4 高顏值

1. 金屬色票

    Pantone 色票有針對各產業推出色彩標準，如紡織業、塑料專色、金屬烤漆色、人體膚色專色 (用於人體義肢及創可貼) 等。其中金屬色票 Pantone Metallic 是以銀粉調和而成，常使用於平版及凹版印刷，建議使用於塗佈的紙張才能展現金屬的亮感。這套金屬色票有兩節 (圖 3-26)，標示 Varnish 的就是亮油效果，在印製效果上可以參考。

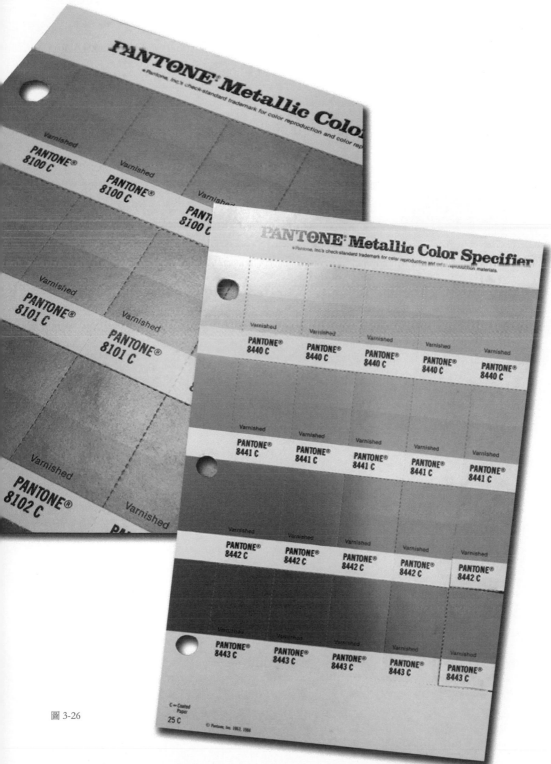

圖 3-26

2. 企業色票

　　Pantone 色票目前也為一些有知名度的企業或商業專屬性較強的 IP 製定專屬色彩，如名人專色、企業專色等，以確保企業或品牌的色彩專屬權。Tiffany 的綠是代表其品牌的價值及資產，多少珠寶業想向它靠齊，而國際上的著作財產權已把色彩列入可受品牌保護的資產之一，如不小心使用到跟 Tiffany 的綠一模一樣的色彩配比，設計師們可得當心 Tiffany 提起法律訴訟了。

　　色彩也可以做文創商品，視覺設計除了圖型的 IP 化，色彩同樣可以 IP 化，Pantone 把它商品 (彩色認證) 授權給各產業去延伸商品，這也是另一種話語權的價值轉換，而這裡面包含了唯一性、獨特性、專業性及普遍性，圖 3-27 是 Pantone 的授權商品，從這商品我們可以嗅到 Pantone 已不在印刷色彩管理上稱霸，連磁器上的釉料色彩管理他們也不馬虎，磁器是中國的代名詞，但也不得不分杯羹給別人。

圖 3-27

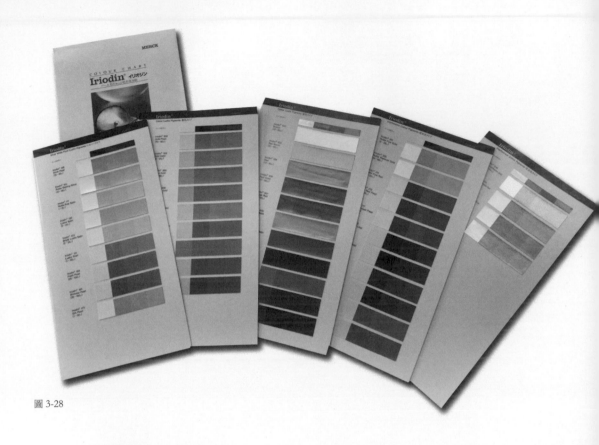

圖 3-28

珠光色票
動態影片

3. 珠光色票

　　印刷上的珠光效果有兩種方式可以達成，一是以各種珠光粉加入油墨內拌勻，印刷品就有珠光效果，或是正常的四色印完之後，再將珠光墨加印於色墨上而成，使其產生珠光折射的閃色效果，建議使用於塗布的紙張效果顯色更佳 (圖 3-28)。

4. 高彩印刷

　　現在電腦的屏幕已到 8K 的高清畫質，如何把高清的細膩層次也同樣呈現在印刷品上？印刷的 CMYK 可以呈現的色域是 100 的四次方，色光 RGB 的色域則是 255 的三次方，約計 1600 萬色。海德堡印刷機在原有的 CMYK 基礎上加上了 RGB 及 rY(橘色)，來提昇改善原本 CMYK 四色暗沉的印製效果。不只是八色印刷機的提升，重要的是內建解讀的 Postscript 軟件，如此一來，在數位載體上能呈現的高清效果，幾乎也能呈現在印刷品上。

在印刷上有個極大的挑戰，就是印製「橘色」，紅黃比例要調出乾淨明亮的橘色，很不好掌握，所以特別設定了第八色 rY，也就是色光的 R(紅) 加色墨的 Y(黃) 所呈現的橘色。這樣就可以把原來印刷色墨暗沉的部分，用 RGB 色光的亮度修正回來 (圖 3-29)。

a 的左圖用一般四色印製效果，羽毛層次不夠細膩；a 的右圖是用 CMYK+RGBrY 八色機印製，羽毛內的細膩層次表現效果極佳。這八色機不見得八色一定要全部用上，如果照片是紅色為主，可以 CMYK+R 如圖 b，綠色主調則是 CMYK+G 如圖 c，藍色主調則是 CMYK+B 如圖 d(圖 /HEIDELBERG)。

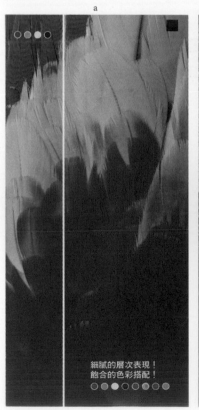
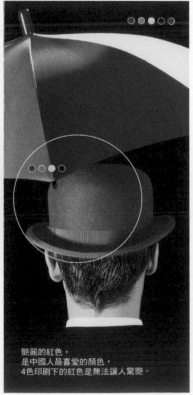

圖 3-29

　　八色機的 RGB 及 rY 也是用 CMYK 油墨去調出來的色墨嗎？非也。影像在經過 PostScript 解碼的時候，即以傳統的 CMYK 加上 RGB 的色光去分析影像及顏色，如果分析出來的 RGB 再還原成 CMYK 的油墨，就沒有太大意義，所以 RGBrY 是有專屬的色墨，非一般的 CMYK 調製，而且在稿件上也不需標示出 RGBrY，這八色機與設計稿件無關，是與分色及印色有關。

　　目前八色機還不普及，所以除非印製物屬高仿作品，不然也不太可能普通印件採用這樣的設備與技術來印製。如果將來國內也引進多部這樣的機器設備，或許八色會成為印刷廠標配，未來的印件精緻度會提高許多。

c

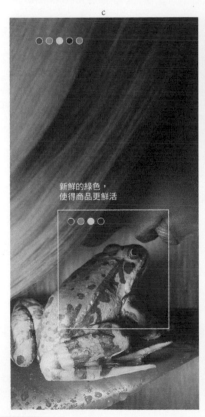

新鮮的綠色，
使得商品更鮮活

d

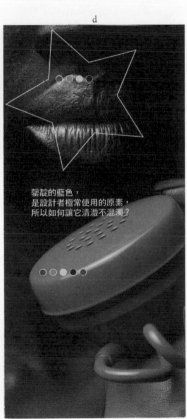

髒靛的藍色，
是設計者極常使用的原素，
所以如何讓它清澈不混濁？

4

管理色
COLOR

4-1 色票系統

　　日本自有日系專色系統，在電腦繪圖尚未普及之前，日本的
DIC 色票系統算是相當拔尖的了，到現在 DIC 色票系統依舊存在，
Photoshop 軟件內也可以選到 DIC(圖 4-1)。我們常用的專色色票是
Pantone，有些色票下面會寫 CMYK 的配比，讓印刷廠師傅可以按
照比例調出顏色 (圖 4-2)。

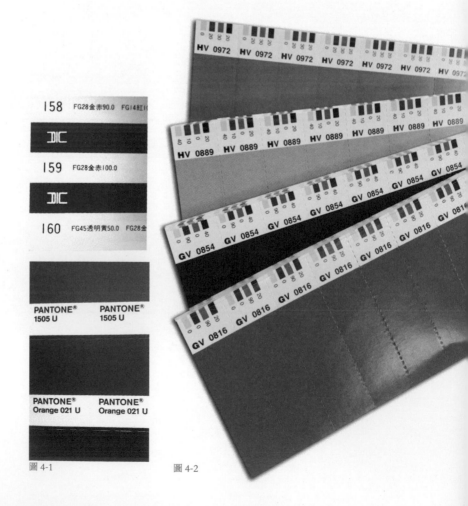

圖 4-1　　　　　　圖 4-2

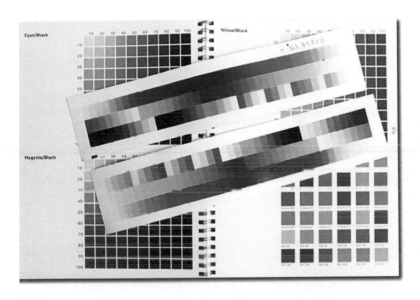

圖 4-3

在電腦內如果要選擇 Pantone 色票，就必須要找 PMS (Pantone Matching System) 這個選項，所以如果在電腦或稿件上看見 PMS 標色，即代表是 Pantone 的色票。市面上有 Pantone 色票、演色表，設計師自己能不能印製色票？如果手上正在進行某個需時較長的規劃案，或是品項繁多的包裝，而每一台電腦與印表機都可能產生色偏的情況下，又必須嚴格控管顏色的一致性，設計師可以選擇幾款特定的紙張，列印幾款特定顏色，再將印出的顏色比對 Pantone 或演色表，一一在電腦內進行顏色微調，直到列印出來的顏色與 Pantone 或演色表幾乎一致。

但是這樣的色票僅供提案時的色稿校正，如果進入到完稿作業，CMYK 的顏色必須調整回演色表上的標示。例如：電腦內設定的 C100M100 打印出來的顏色與演色表 C95M90 一致，完稿時電腦內的標色一定要改回 C95M90(圖 4-3)。

再者，色墨與紙張廠牌的不同，顯色也會有些為差異，同一個顏色印在銅版紙與模造紙，成品的顏色很明顯不同。所以，如果在設計作業展開時即知將來會付印在什麼質感的載體上，在提案印製色稿時最好就直接印在該載體上，重複上述的打印與電腦校色程序。如此一來，實際上機印刷的顯色程度就會近似於提案色稿的顏色。設計師自行印製色票或演色表，當然不需要把所有顏色都試印出來，可以先印出 CMYK 各 0~100% 的色塊來檢查打印機是否有色偏，然後再印出幾個主色以及色階變化，應該就足夠了。

雷射印刷機與印刷機之所以顯色不同，是因為雷射印刷機是乾式的印粉，印刷機是濕式的油墨，但是現在兩者之間的色域管理已很精準，現在高階的雷射印刷機都有內置 PostScript 軟件，大型的印刷廠同樣也有 PostScript 換算色彩的演算軟件。透過 PostScript 的跨平台運算，在印前作業時掌握色彩的管理，做好分色與製版，之後才是進入印刷廠上機印刷。

一般設計公司基本會配備一本 Pantone 色票，但是每一年的色票版本不同，會推出新色搭配新編碼，有時明明在電腦內可以選到的色票號碼，卻找不到色票本裡的那一張色票，或是印刷廠找不到色票，原因在此。還有一種狀況更難提防，某個相同的色票號碼在 2015 年的版本與 2000 年的版本，可能根本就不是同一個顏色。所以翻開色票本第一頁，先去查看是哪一年的版本，以免產生這種雙方都有理說不清的現象。

為了確保溝通信息正確，在出完稿時最好同時打印一套色稿並且貼上色票，不論印刷廠是否有相同號碼的色票，都要求以我們稿件上貼的色票為準。如果只用 CMYK 呢？如何比對顏色？建議把稿件打印在實際要印刷的紙上，以這份色稿為打樣顏色參考標準，雖然打印是乾粉、印刷是濕墨，但可以依這份色稿校正顏色，有個參考的依歸。有些更專業的分色公司會要求設計打印一張 CMYK 各 100% 的色樣，先將印刷油墨 CMYK 調得與我們打印機 CMYK 一致，這樣一來做色彩比對就更為精準了。

電腦內的「色」都是由數值呈現，是理性不帶感情的，CMYK 或 RGB 標示什麼數值就出來什麼顏色或色光，不會有偏差，頂多只是螢幕顯色有落差，以及後端輸出的設備不同而有所影響。這些差異如何克服？我們一一來拆解說明。

4-2 顏色的產生 - 當 RGB 遇上 CMYK

　　由接觸色彩學開始，一定知道色料與色光的不同。色光 RGB
是加色原理，越疊加越亮就越淺；色料 CMYK 則是減色原理，越
疊越濁越濃最後變髒。RGB 疊加到極致成為白，CMYK 疊加到極
致則為黑，而黑與白稱為無色彩，但為什麼在印刷還得要個 K 黑
色呢？因為黑色的加入可以增加圖像的層次及對比，影像的重量
感也需要有黑色的層次來補強（圖 4-4 左圖 RGB 加色法、右圖
CMYK 減色法）。

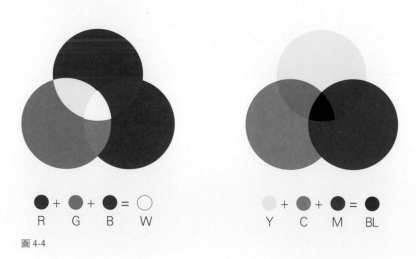

圖 4-4

在色彩學上有大調配色法及小調配色法，小調配色法顯色較柔
和，大調配色法則偏向鮮豔對比。例如：配色從 1、2、3 色階依序
排起，在色相環內三階之內，稱為小調配色法；如果顏色是 1、6、
9 色相跳階比較遠的，就屬於大調配色法 (圖 4-5)。這種配色方式
就要看你所需要的色彩效果而定，一般小調配色的質感比較高雅，
適合高級商品，而大調配色的色彩衝突較大，較適合於貨架陳列的
吸睛商品。

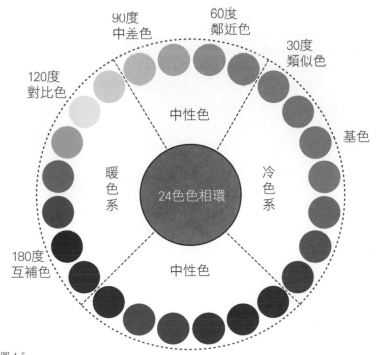

圖 4-5

色立體指的是色相 (Hue)、彩度 (Chroma)、明度 (Value / Lightness)。色相指的是紅、橙、黃、綠等顏色的稱呼；彩度 (黑色的多寡) 及明度 (白色的多寡) 可以豐富顏色的層次 (圖 4-6)。

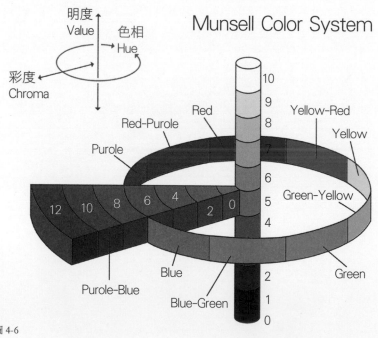

圖 4-6

我們平常看到的影像是拆解成印刷的 CMYK 之後再印製成影像，也就是一張相片或底片 (現在都被數位攝影取代) 以分色原理拆解成四張 CMYK 各色的菲林片，如下圖將影像以分色原理拆解成四張 CMYK 各色的菲林片 (圖 4-7)。現在已少用菲林片來製版了，直接用數位輸出成版來印刷。前面提到黑色油墨的使用是為了增加對比與重量感，所以從四張拆解的菲林片來看，黑色的版是最少的，所有深色大多由 CMY 三色去疊加。

圖 4-7

CMYK 四色有沒有一定的上色順序？一般來說越深的顏色越先印，也就是 KCMY 的上機順序 (圖 4-8)，因為如果將黑色放在最後印刷，也就是黑墨在最上層，這樣一來容易造成 CMY 顏色的暗沈與混濁。

圖 4-8

但是，如果影像有主調需要凸顯，則可再將 CMYK 的順序再調整，將主調的色墨放在最後。例如：一張藍天白雲的影像，就把藍色的墨放在最後一道色墨順序 (圖 4-9)，如果是一張紅色蘋果的照片，就把紅墨放在最後一道，把上機順序改為主調最後印刷。

圖 4-9

4-3 顏色的細緻

1. 網線 / 網點

　　這六張圖哪張圖最細緻？不見得網目越細影像越細。現在的彩色印刷，如果選雪面或銅版紙這類微塗布的紙，大概 175 線是最適合的網目，如果非塗佈的模造紙類，毛細纖維很粗，網目即使很細，印刷出來也不顯細緻，因此大約 100 線是最適合的網目。如果像報紙這類印刷品，則可能降到 65 線左右的網目。因此，網目粗細需配合印件、版式、載體來選擇 (圖 4-10)。

網點擴大 7.5 線　　　　　　　　　　網點 65 線

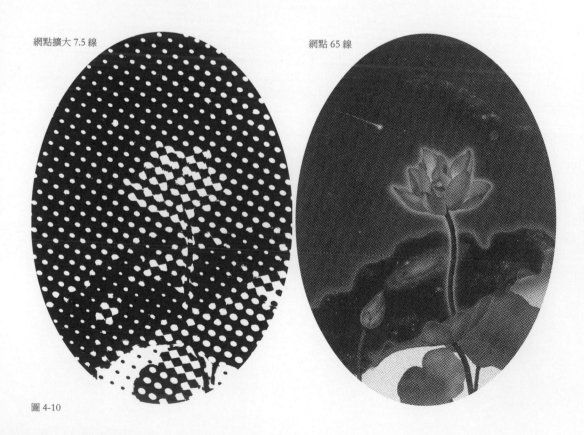

圖 4-10

網點 100 線

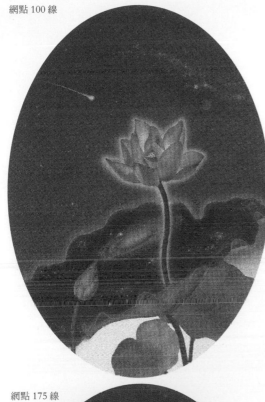

網點 133 線

網點 175 線

網點 200 線

dpi (dots per inch) 指的是一英吋內網點的佈點多寡，dpi 再除以二就是印刷線數。一般稿件上的影像必須達到 300~350dpi 以上，轉換成網線約計 150~175 線 (lpi)。高一點的 dpi 可以視印件條件往下降網目，但是低一點的 dpi 就無法往上調網目。例如全開海報可以縮小成 A4 印件，但是 A4 印件無法放大成全開海報是一樣的道理。在電腦內當然可以硬是把 72dpi 轉換成 300dpi，但是圖像就會顯得模糊，網點及階調都會顯得很不細緻 (圖 4-11)。

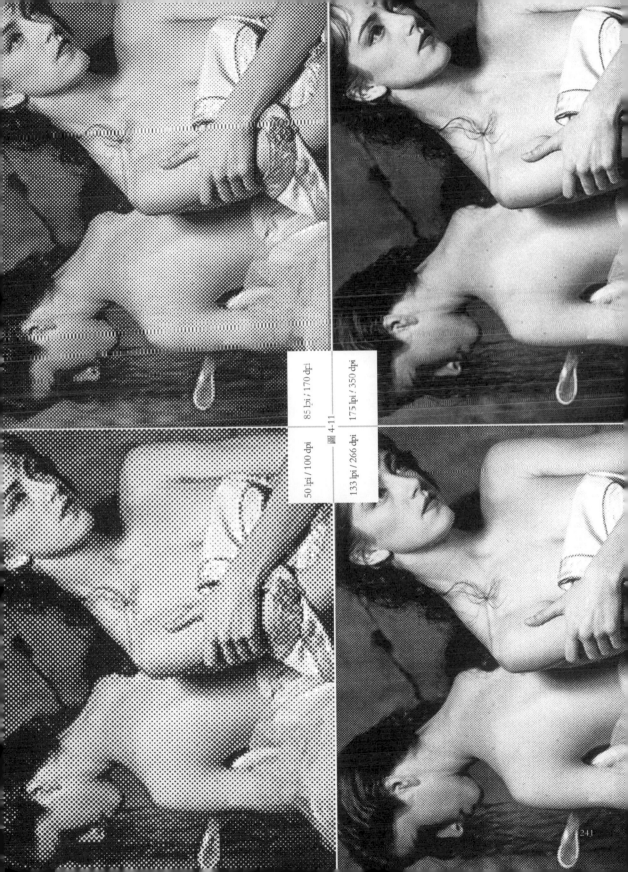

85 lpi / 170 dpi

175 lpi / 350 dpi

圖 4-11

50 lpi / 100 dpi

133 lpi / 266 dpi

241

2. 水晶網點

　　平版目前可做的一般網點數量 100~200 線之間，如果是高仿畫之類的印製，需達到 700 線，並要用特殊的版與特殊的紙張。平版的網點是規矩有形的，影寫版利用水晶網點的碎形去做網點構成（圖4-12)，網點無法有機追蹤，無機所產生的網點會更順滑綿密，而且可以做到 700 線，比平版印刷精密三至四倍，因此要被複製比較困難，常用於高畫質、高價值的藝術品印製，例如：故宮畫作高仿品。

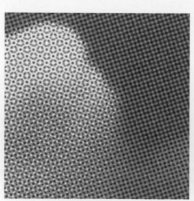 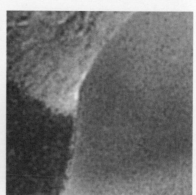

一般網點 350dpi　　　　　　　　　　　　水晶網點 700dpi

圖 4-12

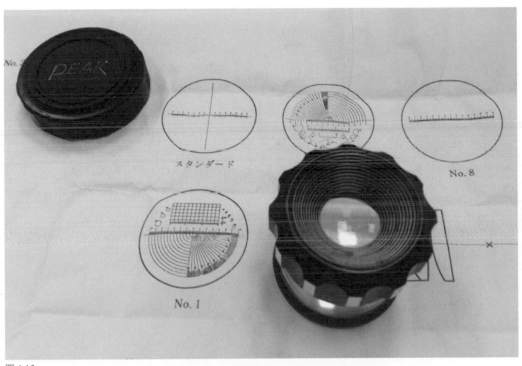

圖 4-13

3. 檢驗工具

① 網點放大鏡

高倍率的放大鏡是用來檢查網點的紮實與否,印刷品都是
由很多細小的四色網點所構成為一幅彩圖,有時發現影像
不清,用肉眼只能憑主觀的判斷,這時就可以借用工具來
做客觀的檢查,檢查製版時四色網點紮不紮實,或是上機
套印時是否套色準確,種種原因都無法規避工具的檢驗(圖
4-13)。

2 檢驗網線

可以用來檢查彩色圖片的印刷線數，線數不是越細越好，要看所印的紙質類別而定，一般塗佈類的紙用 175 線以上，非塗佈類的紙用 150 線以下較適合。檢驗時將這張檢查片放在印刷圖片上以同心圓方式慢慢旋轉，沒有順時鐘或逆時鐘的限制，旋轉到了出現十字花，即可對比出實際印刷的線數，下圖右邊套上網點線數測定表，在 175 的附近會出現一個十字型的網花，就表示此印刷品是用 175 線所印（圖 4-14）。

檢驗網線
動態影片

圖 4-14

4. 灰黑階檢測表

　　用以檢查底色反白字、底色加色字的狀況下，文字是否易於閱讀，主要用於雜誌編輯作業上。以電腦來檢查文字，都不會有不易閱讀的問題，但實際印刷成品效果可能不盡如人意，因此可以在交付印刷之前，先以灰黑階檢測表來檢閱，以確保印製成品不影響閱讀 (圖 4-15)。

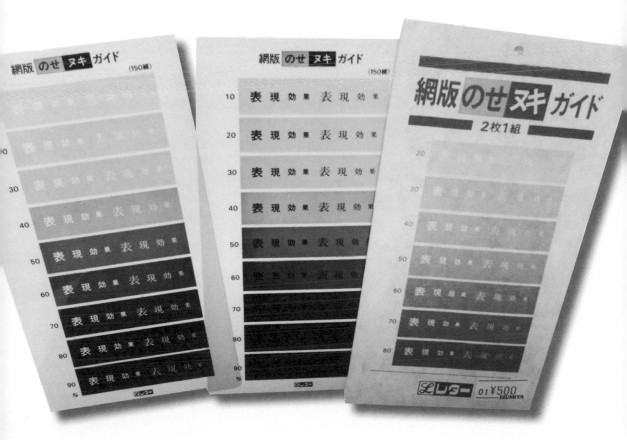

圖 4-15

顏色的正反

　　菲林片的輸出可以選擇陰片或陽片。陰片一般來說當作母版，可以複製拷貝成好幾套陽片給各家印刷廠。一般來說，如果印量太大須透過好幾家印刷廠同時承印，可以複製拷貝多組製版網片並每組附上一份濕式的同紙質打樣分配給各家承印廠，上機印刷時依所交付的打樣校對顏色，用這樣的方式來管理在不同印廠所印製的品質能達到一致 (圖 4-16)。

網點陽片
圖 4-16
網點陰片

顏色的分辨

1. 四色單色調 (Quadtone)

用印刷四原色套印成為單色調。將彩色圖片轉換為灰階後，可以調成暖色調、冷色調、藍色調、綠色調等，再轉回 CMYK 做分色，即為四色單色調。

2. 全彩色 (Four / Full Color)

用印刷四原色混色套印，是最常見的顏色配置。

3. 雙色調 (Duotone)

用兩個不同專色套印。印件可能有版數或成本控制問題，只能以兩專色套印，即可用此方法來製稿。雖然專色印製費用等同於兩個顏色，但是少了版費，也算是節省了些許成本。

4. 半色調 (Halftone)

用單色套印。將彩色圖片轉換為灰階，可套印任何單一專色(圖 4-17)。

Quadtone

四色單色調 - 用四原色套印

Four Color

全彩色 - 用四源色混色套印

Duotone

雙色調 - 用兩種不同顏色套印

Halftone

半色調 - 用單色套印

QUADTONE SPECS	DUOTONE SPECS	HALFTONE SPECS
HL - **C** 0% **M** 02% **Y** 12% **K** 01%	HL - **Black** 04% **Yellow** 04%	**Process Black**
MT - **C** 50% **M** 56% **Y** 50% **K** 49%	MT - **Black** 50% **Yellow** 49%	HL - 03%　MT - 50%　SH - 94%
SH - **C** 70% **M** 78% **Y** 96% **K** 73%	SH - **Black** 93% **Yellow** 93%	Line Screen - 133
SCREEN BAR - PROCESS BUILD	HL = HIGHLIGHT MT = MIDTONE SH = SHADOW	

圖 4-17

5.Duotone 製作法

　　將所選的彩色圖片先轉變成灰階後，並選擇兩個專色。專色
1 做為圖像的主色調，專色 2 做為圖像的輔色調。如圖 4-18，磚紅
色為主色調，即為專色 1。增加層次的暖灰為輔色，即為專色 2。

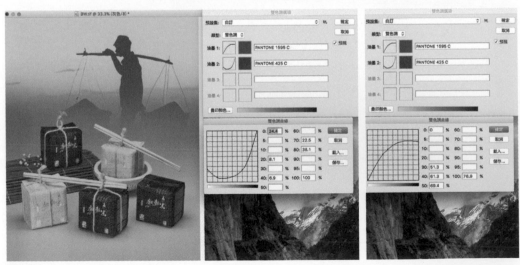

圖 4-18

選擇兩個專色的區域。由圖 4-19 這張切割成三段的圖中可看
出，輔色是由上 100 到下 0，主色是由下 100 到上 0，圖片上段與
下段的層次略顯呆板，中段由兩色相疊加的地方，層次明顯豐富許
多。由此案例可知，有些攝影作品雖然看起來像是單色調，但其實
層次相當細膩，也就是利用兩色或三色的原理來印製。

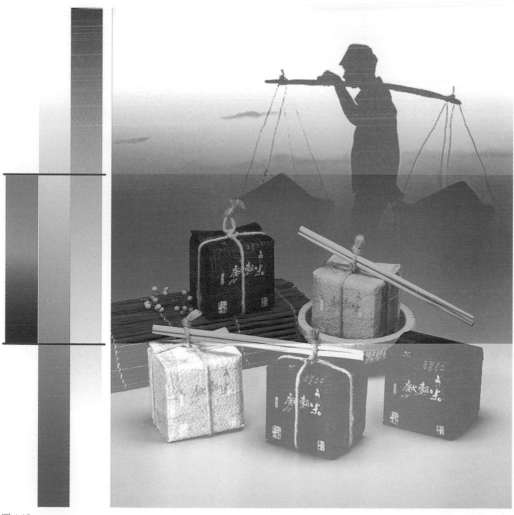

圖 4-19

很多專業的黑白攝影作品集，在影像的處理上不會只有四色黑去印刷，都會用黑再加一個暖灰或冷灰專色來加強影像的層次，如圖 4-20。在原來黑白調的影像加上另一個專色，其層次會更豐富，在此提醒：所選的補強專色冷暖調性，必須搭配紙的灰度來印製，才能呈現更完美的效果。

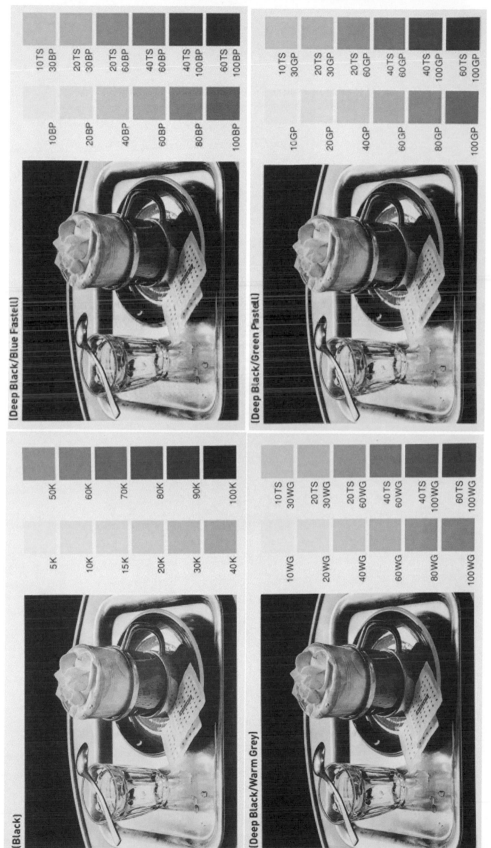

[Deep Black/Blue Fastel]

[Deep Black/Green Pastel]

[Black]

[Deep Black/Warm Grey]

圖 4-20

雙色調立頓奶茶案例

圖 4-21 左邊是四色平版印刷，右邊是四套色凸版印刷，將影像圖片以網點及線畫重新繪製。這個案例是為了降低印製成本，當時立頓奶茶的銷量穩定，公司為了要創造出更好的利潤，就計劃將四色印刷的包材改為更便宜的套色包材，但又擔心消費者不認識新包裝，我就用凸版的特性，以點、線及色塊的元素來還原它的包裝印象。

這樣改造的設計費，說實在不低，但是這筆設計費的付出卻可以幫企業省下高額的包材成本，所以設計師們，你的專業除了提供視覺服務之外，對於企業經營成本的控制，也有莫大作用。

上機樣與色稿不同，怎麼辦？一般設計提案階段大多是由電腦精繪渲染，再以打印機印製樣稿與客戶溝通提案，如果是紙張還好辦，打印在指定的紙張，還能與實際成品有較相近的成果。但是如果非紙張，例如：薄膜、鋁罐或鐵罐怎麼辦？

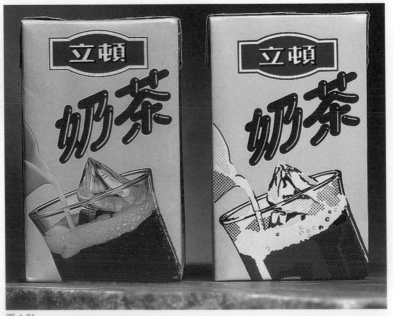

圖 4-21

　　一般打印機無法打印薄膜、鋁罐或鐵罐，到了上機就很容易遇到紙張色稿與薄膜、鋁罐或鐵罐的顯色有落差的情況。但是客戶認定且確認的色樣是提案時的紙張色稿，所以要以紙張色稿為標準，將薄膜 鋁罐或鐵罐顏色盡量追色與紙張色稿一致。這樣的追色要從分色階段就開始調整，先拆解打印機有沒有色偏問題，假設該台打印機偏藍，分色師傅即要減去藍色的配比，或是在印製時將原始藍墨調整同打印機偏藍的藍色。

　　然而，即使做好了分色準備，也不代表上機後的顏色能完全一致，因此還要調整版壓以及印製速度，四色墨還要上下做調整，才能達到與紙張色稿相同的顏色。印製的標準參數確認之後，未來再加印也可以確保印製品質不會有太大的偏差。新型的印刷設備，增加了數位監印工作平台，早期在對色板是貼著打樣圖紙，現在就直接把稿件的數位圖檔直接投影在螢幕上，印刷師傅就可以直接用連線的數據做油墨濃淡的色彩校正 (圖 4-22)。

圖 4-22

上機看打樣時有些小地方提示，看稿要把印件垂直拿著來比對看，這是因為平放（平光）的話，會因為你所站位置的視角會有偏光跑色的顧慮，用垂直來比對顏色，光的折射與眼睛成垂直，這樣看顏色較準確，如要更精準可以把印件拿到戶外，用自然光源看這樣在正常色溫下顏色是最準的，尤其是一些瓶罐類要看瓶身色彩時，最好是拿到戶外去校色（圖 4-23）。

圖 4-23

6. 滿版黑

偶爾收到印刷成品的滿版黑不夠黑，會有點灰花白，這是因為紙張毛細孔沒有吸飽油墨的原因。為了解決這樣不夠黑的問題，可以先印 CMYK 任何一色先填滿紙張毛細孔，但不需要印到 100%，大約印 30~40% 濃度油墨即可，之後再印滿版黑就可以達到真正滿版黑的效果，不會再出現灰化白的現象。

在此提醒，黑色要設定直壓，才有很飽和的效果。如果先鋪底印上 M 或 Y 再直壓滿版黑，所呈現的黑會偏暖色黑，如果底先印 C 再直壓滿版黑，所呈現的黑會偏寒色黑，因此所選的底色系，會透過黑色來傳達，先選一色鋪滿版，可將紙的毛細餵滿油墨，再印黑就會飽和 (圖 4-24)。

圖 4-24

7. 滿版金

先印黃色填滿紙張毛細孔，把紙纖維餵飽之後再印金，金色的折射效果就會好很多了。在此提醒：金色要設定直壓，才有很飽和的效果，先用黃色 30% 鋪滿版，可將紙的毛細餵滿油墨，再印金就會很飽和 (圖 4-25)。

圖 4-25

8. 滿版銀

　　同樣填滿紙張毛細孔的原理，先印灰色再印銀。在此提醒：銀色要設定直壓，才有很飽和的效果，先用黑色40%鋪滿版，可將紙的毛細餵滿油墨，再印銀就會很飽和 (圖 4-26)。

圖 4-26

　　以上印飽和滿版色的方法適用於塗布與非塗佈紙張，一般油墨與 UV 油墨也適用，原理就是把紙張纖維用油墨讓它承載先吸附一些油墨，再印上色墨時就不會吸太多墨而使得表面剩餘太少的墨而顯色不佳，這種方式也就是我們上一章所說明「油墨總印量」的原理。

9. 補漏白

　　因為印刷機的機械慣性，兩色套印時版
會規律性地稍稍左右偏移，為了彌補兩色之間
因版偏移所造成的空隙，會用深色版做多一點
點內縮去覆蓋淺色，這就是我們所說的「補漏
白」，如圖 4-27 上圖是沒做補漏白設定，如
套印不準時就會出現單邊白間隙。中間的圖是
在設計上用留白手法，如套印不準時就會出現
一邊大一邊小的白間隙。下圖是在完稿時有做
補漏白的設定，如套印不準時不會出現白間隙
(圖 4-27)。

圖 4-27

但是如果遇到包裝文字的處理，就不要用補漏白的方式，而應該將文字設定為「直壓」，文字就會直接壓在底色上，不會有漏白的現象發生，當然這前題是文字的顏必需是深色字，而最好是單色而不要兩色以上去套印成深色字 (圖 4-28)。

圖 4-28

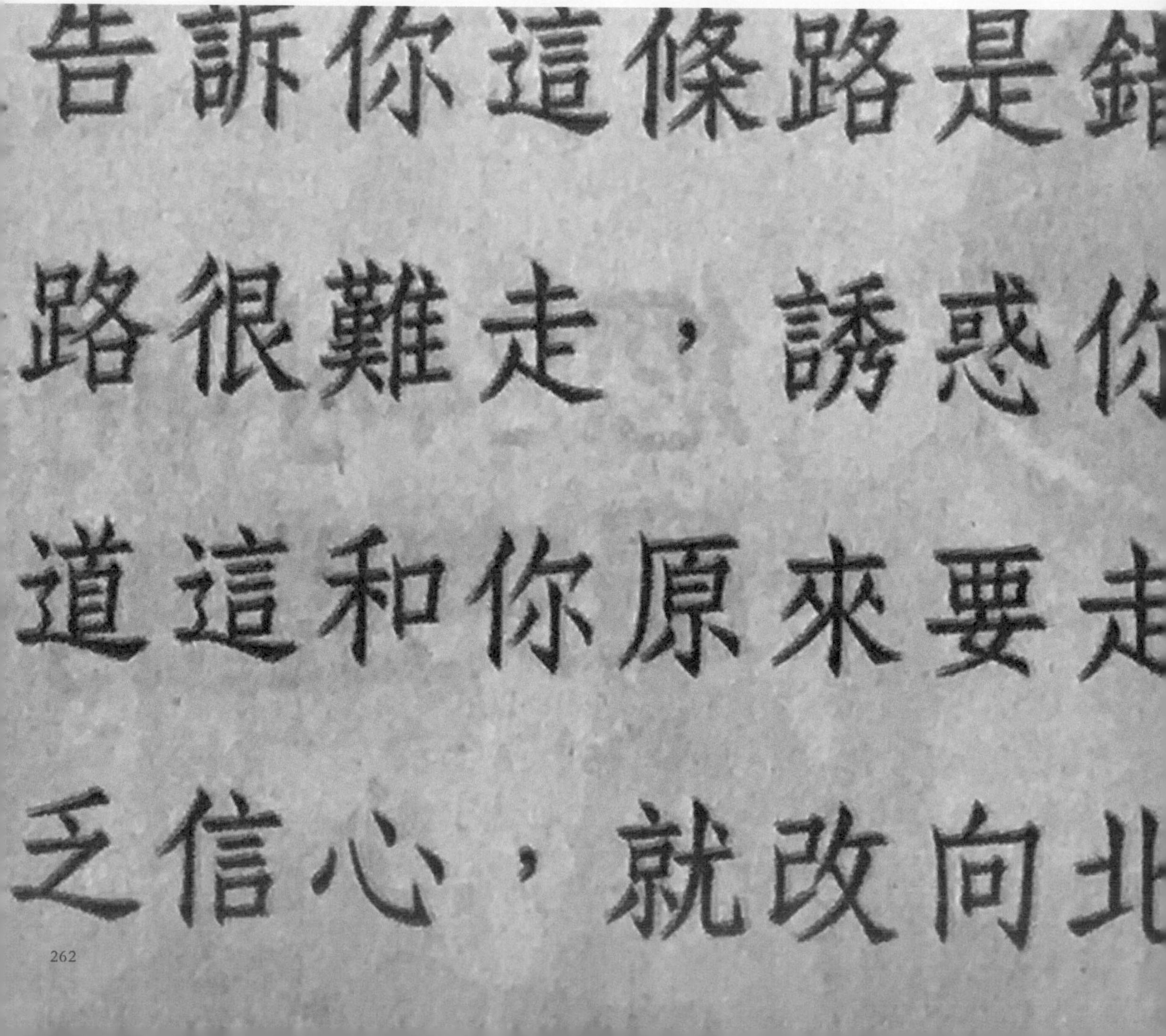

告訴你這條路是錯

路很難走，誘惑你

道這和你原來要走

乏信心，就改向北

4-6 色的管理

1. 連續階調

　　我們常看的相片或是底片包括正片及負片，它們的影像呈像原理是屬於「連續階調」。例如：西畫、國畫、彩色及黑白相片，這類原作以肉眼看其層次階調都很細膩自然，並保留筆觸肌理，非由分色網點所組成的圖像，我們稱為連續階調 (圖 4-29)。

圖 4-29

2. 數字影像

　　透過分色網屏把連續階調的圖片用網點來分離各色彩，而成為數字化讓機器可判讀的數碼資料，我們稱之為「位圖 (Bitmap)」或是「.tif 檔」(圖 4-30)。

圖 4-30

3. 網點角度

　　四色網點若是同一角度，四色疊印之後容易顯得髒，而油墨的透明性，在兩色疊印或三疊印後才能產生第四色、第五色的效果，如果將四色網點分別以不同角度錯開，仕兩疊印旁可以顯現更多層次的豐富性，如圖 4-31 右圖是每色需要不同角度成點，下圖是以不同角度疊印才顯現出更多層次。

C105° ＋ M75° ＋ Y90° ＋ B45°

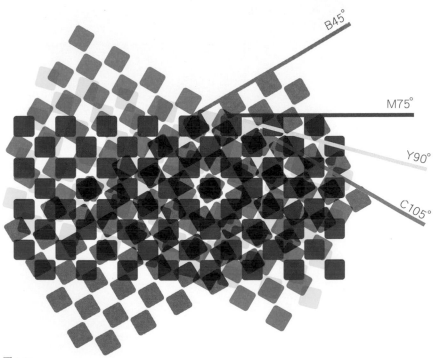

圖 4-31

4. 網花

　　常會在一些雜誌或是商品型錄印刷品上，看到印刷套不準，產品看起來花花的，尤其在機械產品（如窗型冷氣機）的圖片上較常出現，如圖 4-32 電視下方出現斜紋網狀就是撞網，而這類不良印刷在模造紙類的印刷品上最為明顯，看起來會將商品的品質打了折扣，如有這樣的結果，客戶更是不肯付錢，如事情嚴重不是用錢就能解決的；萬一那不悅的花紋正好是出現在第一名模的臉上，不難想像有多糟了。

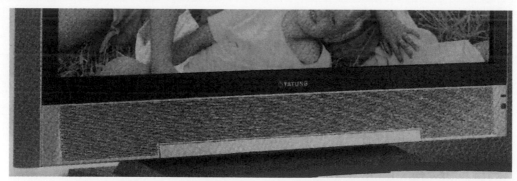

圖 4-32

　　印刷品的印製基本流程是：分色→拼版→製版→印刷→製本等過程，如出現花花的問題，極大可能是在「拼版」或「印刷」的環節上出問題；經「分色」後會將原稿分出 CMYK 四印刷色，而此四色將被轉換成為網點狀的網片，再來進行拼網片（拼版）的工作，此時需將 CMYK 四色網點，以不同的角度旋轉如：105°、75°、90°、45° 網屏等（此使用角度並無定律，而是依各廠商設備自定），疊印時正好利用油墨的透明感來產生疊印的二次色效果。

如果在「拼版」的步驟上各色版的角度沒有拼正，此時就會出現不悅花紋，如圖 4-33 的問題。目前全採用數位式的印前作業系統，在分色及拼版上較不會出現此問題，如果上面的步驟都沒問題，那就是在印刷時，校版時角度不準，才會印出局部花花的顏色了，這在印刷上我們稱它為「網花」或是「錯網」(Moire)。

圖 4-33

4-7　色的代碼

CMYK 標示百分比的方式，大家都很熟悉。有些歐美的標色方式則是 0, 1, 2…9, X。例如：0X60 等同於 Y=0, M=100, C=60, K=0，依照常用的標色，2X70=Y20+M100+C70+B0（如右圖），只是歐美的標色要特別記得 YMCK 的順序就是了（圖 4-34）。

一般常見的演色表是十進位，歐美可以做到三進位，日本做到五進位，也就是標色的百分比可以標到 3% 及 5% 的差別。在此提醒：在電腦標色時，CMYK 不要有小數點的標示，要以整數標色，最好以十進位來標示，一來演色表容易比對顏色，二來印刷顏色也易於掌控。有些印刷在 10 網點以下是印不出來的，因此，請務必掌握十進位的標色原則。

圖 4-34

10 %	20 %	30 %	40 %	50 %	60 %	70 %	80 %	90 %	100 %
			4000	5000	6000	7000	8000	9000	X000
1000	2000	3000	4000	5000	6000	7000	8000	9000	X000
0100	0200	0300	0400	0500	0600	0700	0800	0900	0X00
0100	0200	0300	0400	0500	0600	0700	0800	0900	0X00
0010	0020	0030	0040	0050	0060	0070	0080	0090	00X0
0010	0020	0030	0040	0050	0060	0070	0080	0090	00X0
0001	0002	0003	0004	0005	0006	0007	0008	0009	000X
0001	0002	0003	0004	0005	0006	0007	0008		000X

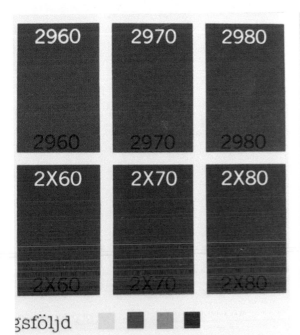

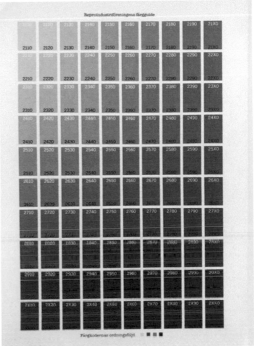

gsföljd

圖 4-34

　　專色可以在電腦內直接轉換成 CMYK 數值，但是拆成四色的
數值可能會有非整數或小數點，記得再把零散的數字規整為 5 或
10 進位，因為那些小數點在製版、印刷時是無法呈現 (圖 4-35)。

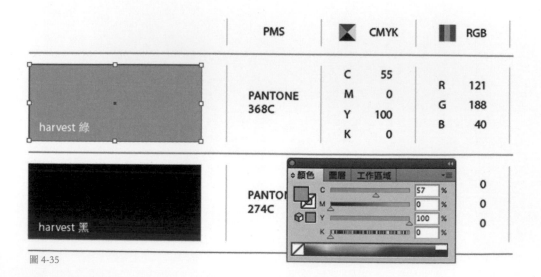

圖 4-35

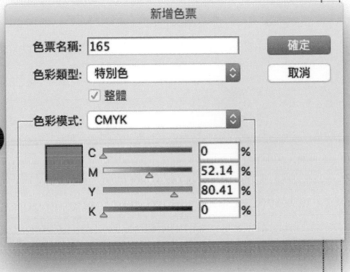

圖 4-35

271

(4-8) 色的校正

　　建議可以將色票打洞套在比對的顏色上，這樣的校色會更為準確。同樣一個專色印字(顏色面積細窄)或印色塊(顏色面積寬面)，還是會有誤差，因此在印刷時還是必須依顯色面積來做顏色校正(圖 4-36)。

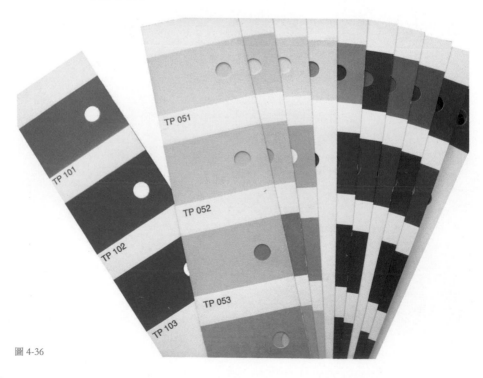

圖 4-36

圖 4-36

273

如果印刷品直接在機上印刷，專色部份會用色彩濃度檢測儀，所檢測顏色的數字會直接與機器連線校色，也可以在工作平台下方的按鍵上，由師傅控制增減墨的濃淡 (圖 4-37)。

圖 4-37

1. 色彩強化

　　傳統的濕式打樣會用印刷油墨來印製打樣件，打樣還會拆成四色樣或是主色的網版，這套柳橙原汁包裝就拆成 M 版與 C 版，可以從拆出的各色版看出網點結構 (圖 4-38)。

圖 4-38

一般油墨打樣

這個產品強調的是新鮮，因此水果的新鮮呈現就非常重要，第一次打樣是用水性油墨打在印刷廠一般紙張上，但實際生產是較厚的新鮮屋牛奶紙且以一般油墨印製，因此，以第一次打樣的條件打在牛奶紙上，顏色顯得焦黃不新鮮（圖 4-39）。

水性油墨打樣

圖 4-39

水性油墨打樣

在第二次打樣的時候將紅色及黃色油墨改成 Pantone 專色 (圖 4-40)，彩度更高，但是打樣效果依舊不滿意，因為層次不夠細膩，後來再繼續調整之後，終於達到滿意的成果 (圖 4-41)。

圖 4-40

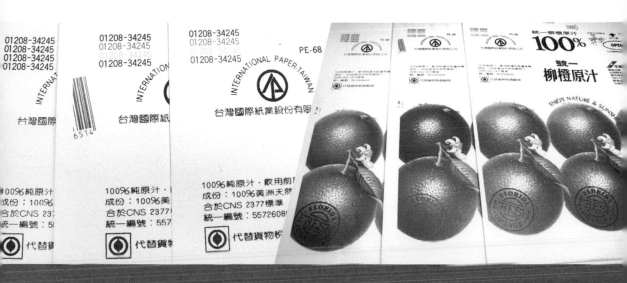

圖 4-41

2. 色彩修正

　　如圖 4-42 這兩張是同一個檔案的打樣效果，一個偏藍的紫、一個偏紅的紫。這同樣也是遇到不同材質顯色的問題。產品本身是軟管，這張 DM 是紙張，如何在紙張的 DM 上確保產品照片顏色與軟管產品包裝顏色一致呢？藍紅兩色是影響紫色的最大變數，我們把藍色油墨調得比原色藍稍微重一點點，再將紅色油墨改成螢光油墨，再拿實際軟管產品包裝做比對，才將紫色校正成功 (圖 4-42)。

圖 4-42

◎使用方法

洗臉後，將面膜厚厚地均勻塗抹在臉上，避免塗抹於眼睛四周，持乾透變色之後(約10~15分鐘)，以溫水沖洗乾淨，若有殘留，請以溫濕毛巾輕輕抹去，建議每週至少使用2次。

◎正確的臉部清潔程序

定期清除堵塞於毛細孔內的油脂，是臉部清潔的必備步驟之一；保持毛孔乾淨清爽，更是擁有細緻光滑膚質的首要條件。清潔肌膚的正確步驟如下（依個人膚質需求，選用下列清潔產品）：

步驟		建議使用產品
每日清潔	卸妝	◎旁氏親水潔膚冷霜 ◎旁氏檸檬冷霜 ◎旁氏深層潔膚乳
	洗臉	◎旁氏嫩白系列洗面乳 ◎旁氏清潔調理二合一洗面乳 ◎旁氏油脂調節洗面乳 ◎旁氏一般洗面乳 ◎旁氏按摩洗面乳 ◎旁氏青春洗面乳
每1~ 2週一 2次	拔除粉刺	◎旁氏T除布貼 ◎旁氏粉刺清除布貼
每週至 少2次	深層清潔 縮小毛孔	●旁氏毛孔潔淨面膜
每日 調理	保濕調理	◎旁氏柔軟化妝水 ◎旁氏雙麗活膚化妝水

聯合利華股份有限公司
台北市南京東路四段18號15樓
消費者服務專線：080-311-689
消費者電子郵件信箱：hotline.taiwan@unilever.com

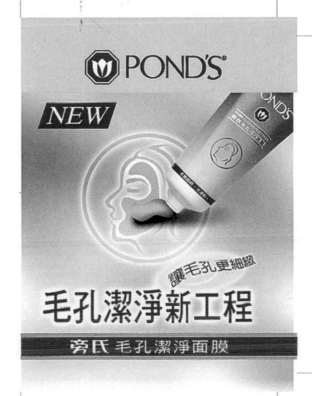

茗閒情校色案例

　　同樣的檔案在第一次上機打樣時是圖 4-33 上圖這樣的色調，顏色與設計時偏綠很嚴重，需要在第一次打樣基礎上做調整。因此沿用一樣的檔案、一樣的版，第二次打樣就在機器上調整 CMYK 油墨，一般可以在濃淡上下調整 10%，從油墨濃淡、印製速度、水分、版壓等去控制，因此減 C 加 Y 之後完成第二次打樣，且與客戶形成共識（圖 4-43）。

圖 4-43

同樣一套版打在三種不同的白卡上，顯色效果有落差。紙張的白不下二十種，因此在做打樣校色時，建議打在確定採用的紙上，以免不同的白度影響顯色，造成後續再次調色的工序（圖 4-44、圖 4-45）。

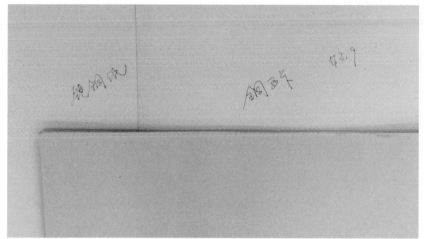

圖 4-44

圖 4-45

例如：第二次打樣的加 Y，如果打在偏黃的白卡上，加 Y 的比例就要相對下降；同樣道理，如果打在偏藍的白卡上，第二次打樣的減 C 就相對要減更多了。不同的表面加工也會造成反射不同，很多變數必須靈活應用與觀察，一切靠經驗 (圖 4-46、圖 4-47)。

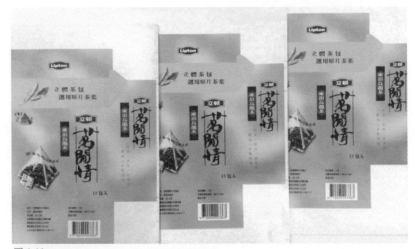

圖 4-46

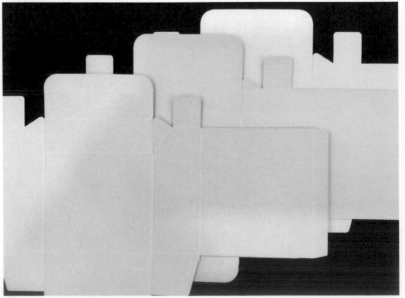

　　　圖 4-47

幾經上機反覆的試印各種油墨的濃淡，最後在甲方的採購主管與設計師的認可下，彼此在定案的印刷試樣上簽名批註，印刷廠甲方及設計師各留一份，以備未來物料進廠時有標準的色樣可以比對驗收包材 (圖 4-48)。

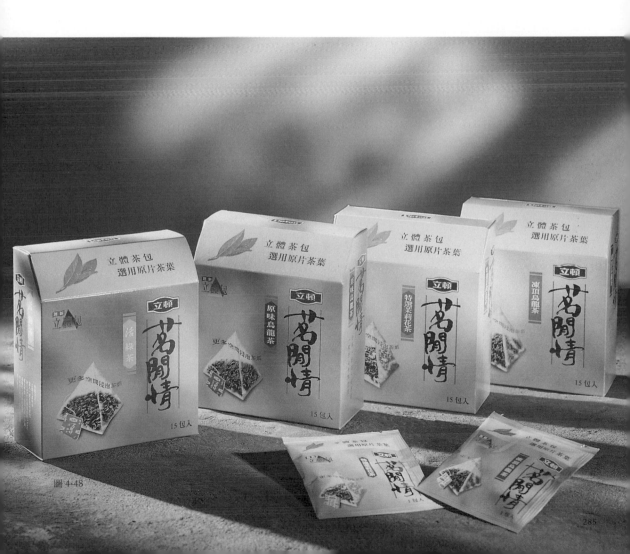

圖 4-48

滿意寶寶校色案例

我們都知道影像圖片在印前分色時要將轉為 CMYK，再由四色油墨疊印還原為原來色彩，有時我們沒有將影像轉為 CMYK 格式，分色廠會幫我們轉檔，如沒轉換格式影像彩度會變濁 (彩度降低)，而有時為了在不同版式不同油墨及材料上，會有變通方式，如圖 4-49 左圖是用 RGB 分色、右圖是用 CMYK 分色，同一張影像用不同格式並打樣在同一材料上，再來補強所需的色調。

圖 4-49

有時因為印刷機設備的限制，在專色部份會用四色套來解決，在大量的商用包裝上，如能省一色是一色，省下來的費用也是一筆可觀的數目，何況市場競爭大，企業採購都有在計算的，此案例在背景藍色滿版是指定 Pantone 2935c，打樣時也用四色套色在旁邊配出一些較接近的色塊以便選用 (圖 4-50、圖 4-51)。

圖 4-51

圖 4-50

圖 4-52

這些打樣歷程會很艱辛,有時會受採購或印刷廠的不做為而中途而廢,到最後妥協上架,但反應不好,一切的責任將會由設計來扛,如步步謹慎的三方(企業、設計及印刷廠)配合,協調出最好的結果,在未來的系列或改版時,也將可以輕鬆的應用(圖 4-52)。

現在設計工作都大量的被電腦取代,我們常坐在電腦前卻不知不覺已被電腦所支配,總以為電腦做的出來,就可以順利的被生產出來,常看到這句話「所見即所得」,我想有經驗的設計師一定會恨死這句話,原因很簡單,在電腦上可以做一百分的效果提案圖,而現實的貨架上根本不可能達到。

我們都知道電腦是色光（很鮮艷高彩），而把設計轉到用物料來印製那是色料（較低彩），兩個不同傳遞色彩的概念（一個是直射光源、一個是反射光源），本質上就不相同，我們總以為提案通過可開香檳慶祝先，而經驗卻告訴我們：這個時候才是痛苦的開始，因為在電腦操作上是平面且沒有材料的肌理影響，實際設計品是要落地，就會面臨材料這關，而材料又受工藝的限制，從效果圖到落地總是一關卡一關、上一關牽動下一關，落地化的第一步就先學好如何看打樣吧！（圖4-53）

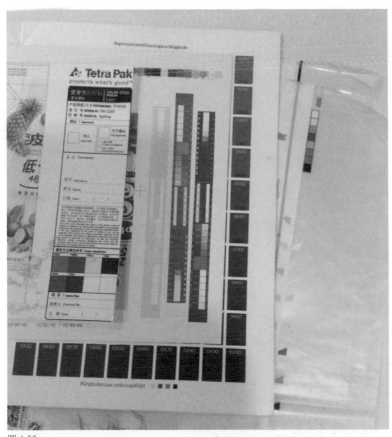

圖 4-53

5

後加工
CONVERTING

(5-1) 後加工

　　紙是設計師最常接觸到且易於掌控的載體；版則需藉由知識才能加以運用，變化靈活度不若紙張來得高，但是可以為成品找到最好的表現及印製方式，用單一版式或複合版式，全靠知識與經驗；墨雖然由印製廠掌握，但設計師也可以協助共同解決問題；色則與設計師的稿件管理有關、影像整合、圖文整合等運用，並搭配工具軟件來進行稿件色彩管理。而設計到落地整個後加工的經驗總合就是「視材適用」，把所有已知的紙材、版式及色彩管理知識全部發揮於後加工上，所以我們才說這步驟是職技的工藝表現。

　　成品上常見的後加工，有打凸、壓印、上光、覆膜等，這都是很簡單的加工工藝，有沒有更多後加工或新穎的技術與材料可以讓創作更豐富呢？但是談到後加工就必須回歸到最源頭：載體。前面章節提到紙張分 U 及 C 兩大類，塗佈與非塗佈的紙張，質感不同，源頭的選定會連帶影響後續的呈現方式及加工工藝。以下就分別各種材質及加工法，我們以案例來一一說明。

(5-2) 軋型

　　何謂軋型，只要不是矩形的印刷品，就需要使用刀模裁出你要的形狀，例如：圓角名片、紙盒、圓形或不規則貼紙、紙扇等，軋型的咬口最少要 1cm，每模間距 5~6mm 還要有出血 3mm，刀模線須離邊 5mm，對於需要切圓弧線、不規則曲線、開窗、壓摺線、裂線，就必須利用軋型的方式來處理，製作軋型前必須先製作刀模，接著以製作好的鋼刀模加壓切出形體即可。

　　一般而言，包裝紙盒、特殊造型等，都必須透過軋型的加工處理，才可將完成品製作完成。

品茶郵藏限量禮盒組

　　這個外紙盒沒有任何印刷油墨，也沒有糊裱裝訂。從生產線上經驗來看，紙盒攤開後要成型，長邊壓折糊或卡榫，比短邊操作來得順暢，所以在紙盒計算與設計結構時，盡量將壓折與結構卡榫的設計放在長邊 (圖 5-1)。這個紙盒唯一的後加工只有燙白再模切 (圖 5-2)，直接選用黑卡紙免去了印滿版黑的工序，再者，印滿版黑效果除了較難掌控之外，還可能在紙張的切面及邊緣會露出紙芯的白，因此，直接以黑卡紙燙白後再模切，是最簡單的工序、最好的選擇。

　　後續的黏貼郵票插卡、放入產品等工序，就不在工廠內操作，改由品牌商自行處理。這原本就無法以機械性操作放入產品，且屬於小眾型的文創商品，因此，如果人工工序及成本不能避免，就必須考慮再進一步控制能機械性操作的工序及成本 (圖 5-3)。

■ 材質－黑卡紙
■ 版式－凸
■ 用墨－燙白
■ 加工－軋型

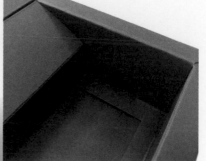

圖 5-1

圖 5-2

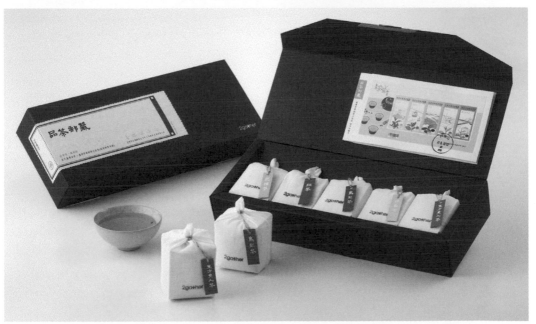

圖 5-3

■ 材質－紙
□ 版式－無
□ 用墨－無
■ 加工－軋型

品茶郵藏 B&W 系列禮盒

　　這是一款系列包裝，外盒延用原黑色紙盒，唯在內紙盒獨立發
展單款小盒，為了經營打開時的視覺張力，就選米白色的紙，來凸
顯時尚感表現喝茶也可以很有個性，因此將該系列命名為 B&W(黑
與白)，而延續其品牌簡約環保的概念，內盒用原色紙只做模切不
印刷 (圖 5-4)，在口味識別上則採用不乾膠貼紙 (圖 5-5)。

圖 5-4

圖 5-5

圖 5-6

　　單盒成型是利用事前計算好的紙樺卡牢，產品放入後再用口味貼紙封口，而為了手工貼標籤不準的問題，在紙盒模切時留有暗記，確保每盒陳列在黑色紙盒內有一致性，小盒的切面設計能讓五種口味展現清楚，另一方面是方便單盒易於取出，整體看起來也較有層次 (圖 5-6)。

細看這個小單盒不是矩型也不是梯型，七個面體都不是等邊，除了好拿有張力，其實最大的原因是因為盒子體積小，用厚磅紙是比較挺，但厚紙的摺線及盒角不夠銳利，所以改用輕磅紙，一方面紙價便宜，一方面可以好摺，為了克服輕磅紙易擠壓以及取出時變型，所以在盒型上採多邊異型來增加強度，這原理就像一張紙無法立起來，把紙對摺 L 型就可以立在桌面，如摺成扇型，它在上面可以承載一些重量，增加折面可提高強度，小盒子與這個道理相同（圖5-7）。

圖 5-7

歐普設計公司聖誕賀卡

這是一款公司賀卡設計，概念是把一棵豐盛的聖誕樹寄給朋友，將豐盛的果實畫在封面上，利用刀模裁切回紋，中間再夾一棵模切成型的大樹，收信者只要將封面上的小緞帶拉起，夾在中間的樹根就可撐起樹葉，整個平面的賀卡就可變成 3D 的立體賀卡，材質選用有金屬感的厚卡，需用 UV 油墨才能印上，最後再用刀模軋型而成 (圖 5-8)。

■ 材質－紙
■ 版式－平版
■ 用墨－UV 油墨
■ 加工－刀模

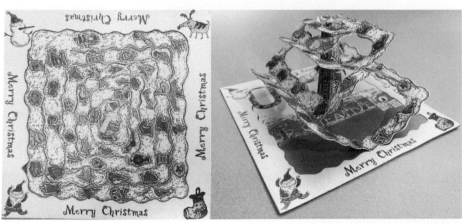

圖 5-8

CHA520 時尚茶品

這個後加工也是跟前一個包裝案例類似，選擇幾款色卡再絲網印白，也就是只有一套絲網印版、一套模切版 (圖 5-9)，即可印製在任何顏色的色卡上 (圖 5-10)，一來機動性高隨時可替換色卡顏色，免去大量印製的庫存問題，二來大量節省印製時間及成本，而印滿版的高鮮色度很難把握，每一批顏色不易控制精準。這個包裝在離開印製加工廠之前，沒有任何糊裱裝訂，因為每一個加工工序都是成本，所有裝填、封糊的工序都由品牌商自行處理。若能善用紙張結構與卡榫的安排以達到封口與承重的安全性考量，少一些後加工對於成本的控制，是很好的做法，也是良善的設計 (圖 5-11)。

■ 材質－紙
■ 版式－孔版
■ 用墨－網版油墨
■ 加工－軋型

圖 5-9

圖 5-10

圖 5-11

5-3 雷射雕刻工藝

　　雷射雕刻 (簡稱：雷雕) 是利用數控技術為基礎，雷射為加工媒介。利用雷射光束產生高溫熱能，將工件表面瞬間氣化，使物件產生凹痕並裸露出底層，可使物件表面產生圖形、文字或透光等效果。也是現代科技進步的一種體現，與傳統雕刻不同，不僅從速度、精度上提高了一個層次，而且在環保方面也是一個不錯的體現。

1. 金屬雷射雕刻

❶ 先陽極後雷雕，可將圖案或文字以雷射雕刻方式，呈現素材顏色，達到雙色效果。

❷ 先噴漆後雷雕，可將圖案或文字以雷射雕刻方式，呈現素材顏色，達到雙色效果。

❸ 先拋光後雷雕，可將圖案或文字以雷射雕刻方式，呈現亮霧對比效果。

❹ 在不銹鋼雷雕，可將圖案或文字以雷射處理方式，呈現亮霧對比效果。

2. 塑膠雷射雕刻

❶ 先電鍍後雷雕，依圖案或文字用雷射雕刻將電鍍層去除，可製作雙色電鍍或是透光的效果。

❷ 先鍍膜後雷雕，依圖案或文字用雷射雕刻將鍍層去除，呈現素材顏色，以達到透光的效果。

❸ 先噴漆後雷雕，依圖案或文字用雷射雕刻將漆層去除，呈現素材顏色，以達到雙色的效果。

雷射雕刻的優點

✓ 範圍廣泛：二氧化碳雷射幾乎可對任何非金屬材料進行雕刻切割，並且價格低廉。

✓ 安全可靠：採用非接觸式加工，不會對材料造成機械擠壓或應力，也沒有「刀痕」，不傷害加工件的表面，不會使材料變形。

✓ 精確細緻：加工精度可達到 0.02mm。

✓ 節約環保：光束和光斑直徑小，一般小於 0.5mm，切割加工節省材料，安全衛生。

✓ 效果一致：保證同一批次的加工效果完全一致。

✓ 高速快捷：可立即根據電腦輸出的圖樣進行高速雕刻和切割。

✓ 成本低廉：不受加工數量的限制，對於小批量加工服務，雷射加工更加便宜。

在平面的設計應用上大部份用於厚卡、封面或包裝的部份裝飾，雷射雕刻不用單獨開版，是較經濟的軋型選項，很適合短版的印件物（圖 5-12 為台崴彩印精雕有限公司製作）。

圖 5-12

圖 5-12

┌─────────────────────┐
│ ■ 材質－紙   │
│ □ 版式－無   │
│ □ 用墨－無   │
│ ■ 加工－雷切   │
└─────────────────────┘

品茶郵藏松菸誠品紀念款

　　此紀念款是在松菸誠品專賣，其他誠品書局沒有販售，設計靈感來自於松菸誠品的大樓外觀 (圖 5-13)，單純以色紙裁切出數片，以卡榫扣緊的結構組合而成一款包裝。

　　因為這款產品是限量版，數量極少，因此這些裁切甚至沒有模切刀版，而直接是雷射模切，幾百片的小零件，大約十多分鐘就可以雷射模切完畢 (圖 5-14)。

圖 5-13

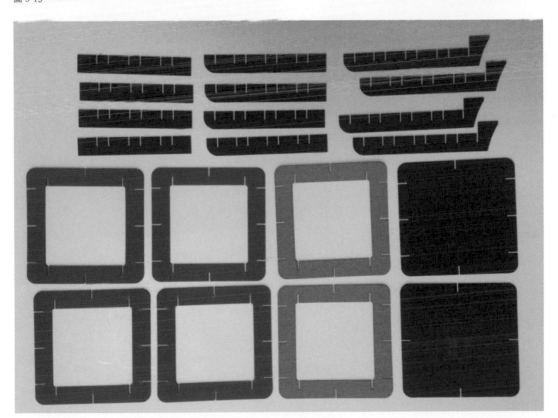

圖 5-14

最頂部紙片的品牌名稱也是雷射模切來達成，這同樣也是一件沒有印刷的包裝作品。雷射光功率強，可以用以切斷紙張；功率弱就像是表面燒焦一般，功率強弱可以同時運作，如果不是要裁斷，模切的深度還可以設定，可靈活運用。這張頂部的紙表面是黑色，紙芯是墨綠色，因此雷射模切後透出墨綠色紙芯，效果極佳（圖5-15）。

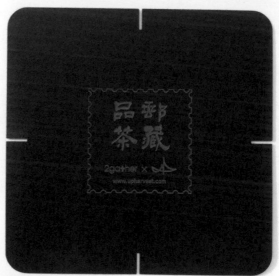

圖 5-15

這種少量生產的包裝，如果去做模切版，版跟軋工成本相當高昂不划算，建議採用雷射模切，成本可有效控制，將小片基座組合好再放入茶葉，最後再由四邊支架封頂即完成，取出商品後空盒可當筆筒（圖5-16）。

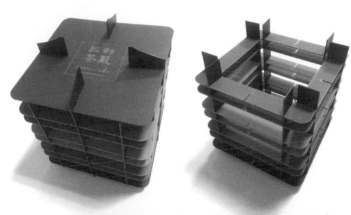

圖 5-16

品茶郵藏中秋節紀念款

此紀念款是在中秋節限量，單純用色紙雷射裁切出各種配件，以卡榫扣緊的結構組合而成 (圖 5-17)，配置於外盒上，消費者拿到後可以取下，再依事先設計好的卡榫接好，便可陳列在桌上觀賞，類似這樣限量小量的促銷方案，不要涉及印刷或是後加工工藝，是最經濟的設計方案 (圖 5-18)。

- ■ 材質－紙
- □ 版式－無
- □ 用墨－無
- ■ 加工－雷切

圖 5-17

圖 5-18

5-4 糊裱工藝

　　糊裱的工藝可用於精裝書籍封面或禮盒，基材大多使用灰紙卡、馬糞紙、飛機木等，可以選用單一材質，也可以多種基材搭配使用，裱紙不宜太厚，建議在 110P 左右最佳。一般常見的基材是灰紙卡及馬糞紙，另外還有飛機木也常使用，它的特點是輕、挺，較不易受環境溼度影響而變形。中國大陸內地幅員廣大，如果基材是灰紙卡或馬糞紙，需特別注意南北環境差異大，空氣濕度及溫度的變化容易導致成品變形。這些因溫度濕度產生成品變形的現象已有很大的進步及改良，但還是得提醒客戶以及包材工廠留意。

　　在糊裱工藝中除了裱褙材及基材的互動關係外，還有關鍵材料的裱褙膠，在平整面積大的地方通常使用合成膠，裱糊平整且便宜，有些小角摺角、邊角或是非固定的平面，例如：書背翻書時會翻動而靜態的邊角，建議使用動物膠，黏性較牢而有彈性，但缺點是時間久了會變黃或脆化。

　　濕裱盒又稱為「濕盒」，在市面上被廣泛使用的一種盒型結構包裝，普遍用於禮盒上，因在印刷後加工採用濕漿塗糊刷於印好的裱紙上，再裱褙於底材上而得「濕裱盒」之名。由於被裱褙的材質不同，可採用「水性膠」或「動物性膠」來當裱褙劑。

　　底材一般則是選用較粗糙的灰紙板或工業用厚卡，由於底材被裱紙包覆覆蓋，因此通常選用較經濟的基材。而盒型造型也可有多元的變化，更可設計出曲面的盒型。曲面盒在製作時需先製作輔助模具來定型，使紙盒乾燥成型，其盒型展示效果也很好，不必受限於紙張直豎橫斜經緯縱列之限，在裱紙的選擇上可有更廣的選擇，除了純紙材外，各式加工紙、布料、人造皮料、塑料等，都可拿來當作表面裱材。

目前市面上常見的「錦盒」就是濕裱盒的代表，而精裝書的封面也多是濕裱盒的做法。濕裱盒所製成的禮盒，拿在手上就多了份厚重感，近年來因濕裱盒的使用量很大，廠商也推出各式各樣的精工小配件，來搭配各式各樣的需求，下面圖片為宏吉棉紙禮品行的包裝案例，在盒子的摺角及切口上的收邊上可以看到四十年的老工藝 (圖 5-19)。

圖 5-19

40th
Hong Ji 40th Anniversary

40th
Hong Ji 40th Anniversary
品味盒藝•為您加分

40th
Hong Ji 40th Anniversary
Hong Ji

Matisse 19 年洋酒

- ■ 材質－乳膠紙、灰紙卡
- ■ 版式－凸版
- ■ 用墨－燙金
- ■ 加工－濕裱

Matisse 19 年洋酒
動態影片

　　基材使用灰紙卡為底盒，外蓋的上半部先裱糊棗紅色乳膠紙，打凹之後鑲上金屬鋅片，下半盒是用珠光紙為裱材，再燙金處理，盒蓋的開啟為天地蓋的構結，內部底座用 EVP 來緩衝並吸附酒瓶，可保固酒瓶不會在盒內晃動，打開上蓋就可取出商品 (圖 5-20)。

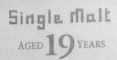

圖 5-20

Matisse 21 年洋酒

- 材質－金箔紙、灰紙卡
- 版式－凸版
- 用墨－燙黑、燙紅
- 加工－濕裱

　　盒蓋上的品牌名稱是以燙黑的方式製作，如果是採用印黑再上 UV，很細緻的小地方可能套不準，因此燙黑是最佳選擇。然而照經驗來看，燙黑應該有壓凹的痕跡，但是這些燙印的文字都是立體突起的，這樣的工藝需要一套陰陽模，也就是從正面以陽模燙黑，同時由背面以陰模施加壓力使燙黑的區域突起。要達到突起的效果，也可以直接以絲網印的方式來印製，但突起效果可能沒有陰陽模燙黑來得細膩。盒蓋的開啟採往下滑蓋的構結，下滑後上部兩側會有保固結構，此保固片除了可以來緩衝並吸附酒瓶，並有展示效果，增加飲酒的豐趣性 (圖 5-21)。

Matisse 21 年洋酒
動態影片

圖 5-21

5-5 紙箱工藝

　　一般來說，包裝成品會放入中型組裝箱(8 入、12 入等) 後再放入大型運輸箱，這些中型箱算是物流用的中繼紙箱，因此最常見的材質就是瓦楞紙箱，紙箱可應承重度的需要，改變楞數來解決。有時可以將兩片粗楞裱褙，或是粗楞裱細楞來達到承重需求。然而，瓦楞紙箱已不僅僅是用於物流運輸型包裝的包材，也可以直接應用在具有販售陳列功能的堆箱陳列上，它的粗獷質感也常見用於文創產品包裝、環保綠色包裝等 (圖 5-22)。

圖 5-22

　　瓦楞紙大多採用凸版水印，印製效果不細膩，底片輸出製作的
柔版材質，極限大概 60~70 線，另一種較硬的材質，是版表面覆一
層碳粉的素材，直接用雷射雕刻製版，極限可以到 140 線，如果要
印製較細膩的圖案，而紙箱又必須具有一定的強度，便可以將銅版
紙與瓦楞紙複合在一起，先將圖案印在銅版紙再裱於瓦楞紙上，就
可以達到既精美又具保護強度的包裝。

　　瓦楞紙的印製是運用水基油墨加凸版印刷的原理，就類似「蓋
橡皮章」的概念，印製品質較粗燥，無法處理太多細節，線條及邊
緣不夠銳利。除此之外，瓦楞紙表面的牛皮顏色有分黃牛皮、白牛
皮、赤牛皮，同一個顏色印在三種牛皮表面，呈現出來的顏色有明
顯落差。較嚴謹的做法是請供應商提供油墨印製在牛皮上的顯色色
票，如果特地選用專色去印製瓦楞箱，既浪費成本又不見得能掌握
色準，如果廠商提供的色票可以取代專色，既可以減少試色的時
間，未嘗不是節省成本的做法。

一般來說，瓦楞印製廠內部會有自己的一套色票或演色表，因為每台印機器適性不同，印出來的顏色難免還是有些微差距，因此，以每一家印刷廠的演色表為依據來校色，是較理性正確的做法，但不見得每家印刷廠都願意釋出這些信息 (圖 5-23)。

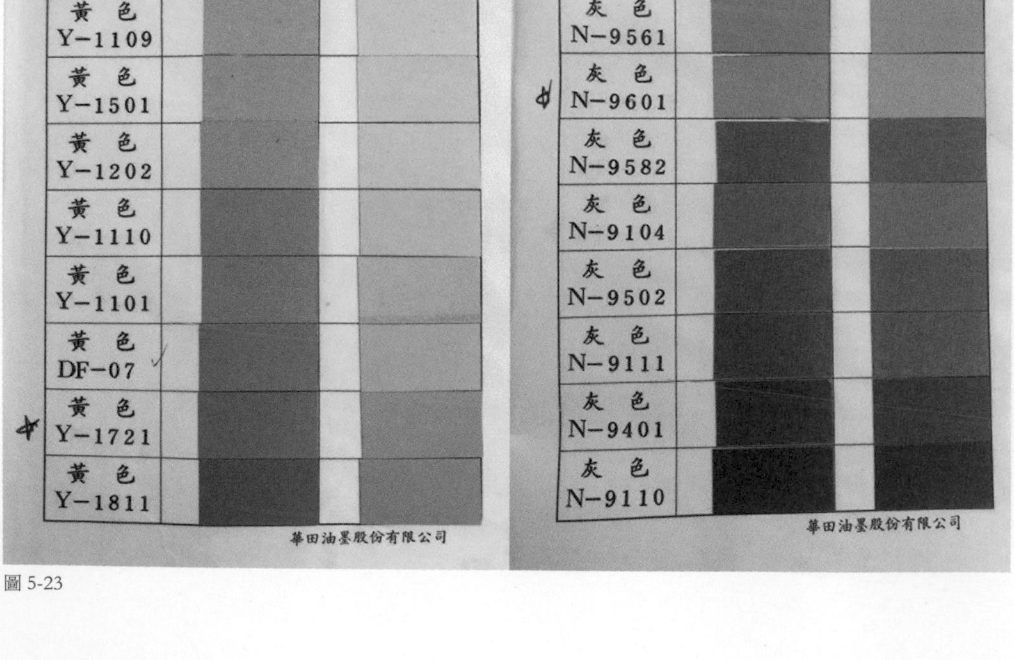

色相號碼	黃 紙 板		白 紙 板	
黃 色 Y－1109				
黃 色 Y－1501				
黃 色 Y－1202				
黃 色 Y－1110				
黃 色 Y－1101				
黃 色 DF－07				
黃 色 Y－1721				
黃 色 Y－1811				

華田油墨股份有限公司

色相號碼	黃 紙 板		白 紙 板	
灰 色 N－9561				
灰 色 N－9601				
灰 色 N－9582				
灰 色 N－9104				
灰 色 N－9502				
灰 色 N－9111				
灰 色 N－9401				
灰 色 N－9110				

華田油墨股份有限公司

圖 5-23

■ 材質─瓦楞紙、銅版紙
■ 版式─平版
■ 用墨─油性油墨
■ 加工─裱

今麥郎綠茶紙箱

　　這個案例是將圖文先印刷在銅版紙，並印上水性亮油將色彩提高彩度，在賣場陳列上較吸睛，再裱於瓦楞紙上，所以印製層次較細膩，跟平版彩印的質感是一樣的，可以達到175線的細緻，但此案例是用滿版專色去套印 (圖 5-24)。

圖 5-24

■ 材質－瓦楞紙
■ 版式－凸版
■ 用墨－水性油墨
□ 加工－無

Aquarius 運動飲料外箱

　　直接印在白牛皮瓦楞紙上，左上角的立體球狀圖案是以鋪網點的方式來製稿，以網點的疏密大小來經營立體深淺層次的變化。瓦楞有分 A, B, C 楞，這與承重有關係，牽涉到工業結構。一箱飲料或酒，紙箱所乘載的重量不輕又要破壞部分結構以利於搬動，太薄扛不起、太厚又浪費材料，所以瓦楞條數的選用要經過計算，美感的要求倒顯得其次了。

　　還有一點要注意，瓦楞箱印製採用水性油墨，這意味著當瓦楞紙箱印滿版色的時候就等同於瓦楞紙張表面被塗上一層水，因此瓦楞箱在印刷前後的承重會有些微的差距。所以，如果沒有特殊需求，瓦楞紙箱盡量不要採用大面積鋪滿版底色的做法。此產品原瓶標是漸層的設計，因受限膠版無法做太細膩的層次，所以外箱設計上採用兩色塊來增加層次 (圖 5-26)，印製過程的版壓與水份，或多或少會破壞瓦楞箱原本的結構強度。這些都是很小的細節，可能不太引人注意，但是專業常常就存在於不被關注的小地方。

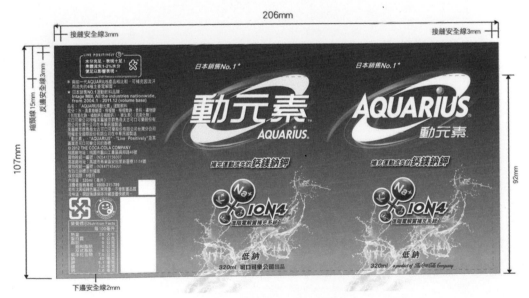

圖 5-25

■ 材質－瓦楞紙
■ 版式－凸版
■ 用墨－水性油墨
□ 加工－無

今麥郎 -18 度粉絲外箱

　　這是單套色瓦楞紙箱案例，以膠版印製，膠版可以用電腦製版方式做出網點但不能太細，因此印製效果較為粗糙，且版壓不能太重，以免印製時網點會受壓放大。

PANTONE
Blue 072 U

PANTONE
Yellow U

PANTONE
2592 U

PANTONE
269 U

図 5-26

　　此紙箱完稿時是事先將雲朵影像圖案轉成灰階單色，調整網點

後轉成矢量圖輸出分色 (圖 5-26)。

250mm　　　　　　　　　　　　　361mm　　　　17mm

調整網點的用意在於刪除太細的網點，點或線不要小於 1 毫米的寬度，以 200dpi 的概念來製作，符合瓦楞紙箱 100 網線的印製條件，為了不讓客戶有太美好的期待在效果圖上，我們做出實際落地後的效果提案 (圖 5-27)。

圖 5-27

■ 材質－瓦楞紙
■ 版式－凸版
■ 用墨－水性油墨
□ 加工－無

野草鹼性水外箱

日本這個紙箱是以白牛皮面瓦楞紙為基材，以彩色的概念來印製圖案，遠看挺繽紛豐富，但近看就可以觀察到網點。早期瓦楞箱被視為工業物流之用，所以不太注重印製的品質與美感。隨著商業包裝市場的開發，瓦楞箱所乘載的品牌傳遞責任越顯重要，可在通路上做陳列堆疊，因而越見受到重視。

現在瓦楞紙箱的印刷技術可以做到接近 150 線，也就是 300dpi 的精度，除非是當做一般商品外箱來用，不然太細在物流時，箱上的水性墨容易弄髒，因為在紙箱上很少有人在上亮光做保護，但目前是有這樣的技術 (圖 5-28)。

圖 5-28

■ 材質－瓦楞紙
■ 版式－凸版
■ 用墨－水性油墨
□ 加工－無

呷七碗外箱

　　紙箱的設計通常會延續包裝視覺，而有些紙箱純屬物流用途，不會放置在賣場做為堆箱陳列用，如是單純的物流，那在倉儲及送貨人員分辨上的功能是首要的設計主軸，此案例在外箱上用桃紅色即可分辨出內裝是男孩或女孩的彌月油飯，採用高彩度桃色配上金色，整體看起來很討喜，所以外箱不一定非得由單包裝設計延伸(圖5-29)。

圖 5-29

5-6 馬口鐵（三片罐）工藝

馬口鐵就是鐵皮。為什麼叫做「馬口鐵」？早期這些鐵皮是以澳門 (Macao) 為進出口，Macao 直接音譯就成為了馬口，「馬口鐵」一詞因此而來。

馬口鐵一般又稱「三片罐」，分為「乾式罐」和「濕式罐」兩種用途，印刷方式與平版印刷一樣，等同於全開尺寸的鐵皮，印上圖文之後再裁切成一片片，繞捲焊接成罐身，這是三片罐的第一片；第二片則是封蓋的鐵片，封完蓋的空罐即送到填充廠，填充內容物完畢之後再封底，是為第三片 (圖 5-30)。

如鐵片未經加工即具有金屬質感，則要在表面塗佈白色，這有個專有名詞，叫做白可丁 (White Coating)。塗佈白色的區域，在檔案內要特別做一個印白的圖層，該圖層在最後一層，印刷的時候最先印。

馬口鐵開瓶
動態影片 1

馬口鐵開瓶
動態影片 2

馬口鐵開瓶
動態影片 3

馬口鐵開瓶
動態影片 4

馬口鐵塗佈
動態影片 1

馬口鐵塗佈
動態影片 2

馬口鐵塗佈
動態影片 3

馬口鐵印刷
動態影片 1

馬口鐵印刷
動態影片 2

馬口鐵印刷
動態影片 3

馬口鐵印刷
動態影片 4

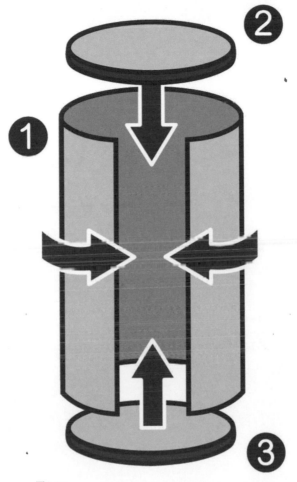

圖 5-30

馬口鐵裁切
動態影片 1

馬口鐵裁切
動態影片 2

馬口鐵裁切
動態影片 3

馬口鐵裁切
動態影片 4

馬口鐵片焊接
動態影片 1

馬口鐵片焊接
動態影片 2

馬口鐵片焊接
動態影片 3

馬口鐵片焊接
動態影片 4

馬口鐵罐
動態影片 1

馬口鐵罐
動態影片 2

馬口鐵罐
動態影片 3

該區域印白後，金屬效果消失，因此可以在馬口鐵上作金屬與
非金屬的質感印刷（圖 5-31）。馬口鐵的工序是：先印刷後製罐。
這意味著，在製罐的過程中可加入工藝玩出花樣，例如：罐身加強
筋的設計、罐身紋路、替換上蓋即有不同樣貌。

圖 5-31

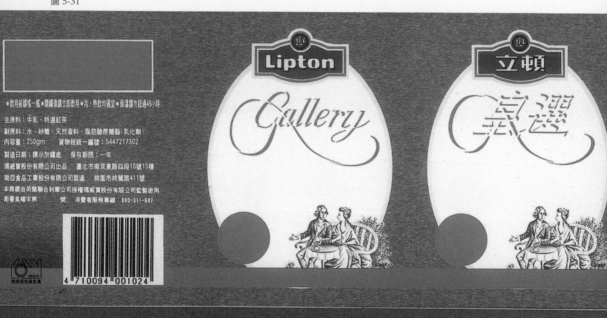

圖 5-32

雪人鐵罐
動態影片

雪人鐵罐
動態影片

　　早期很多玩具或小禮盒都採用鐵皮材
料，所以一直保用復古感，而各式各樣的造
型可以開模具來充壓克服，慢慢受包裝設計
所採用 (圖 5-32)。

圖 5-33 這款茶葉罐的上蓋也是用馬口鐵衝模後製成，鐵皮沒有任何毛細孔，油墨印上去之後無法「吸墨」，需透過高溫烘乾將油墨乳化後牢牢吸附在鐵皮上，鐵皮表面就會型成一層透明的油保護油墨，以免被刮傷。

圖 5-33

　　有些乾式罐為了要保護產品內容，在封罐時採用全密封式的結
構，消費者在開啟馬口鐵罐時，必須使用隨罐附贈的鑰匙，沿著事
先在罐身上預切割的暗線開啟，這類密封式的鐵罐常用於存放貴重
物品或是危險物品，必須增加使用的不便性（圖 5-34）。

圖 5-34

喜年來蛋捲拌手禮

這是一個乾式的馬口鐵盒,在印刷部份跟平版印刷一樣,但其提把及盒身是依賴模具製罐成為方形提桶,這裡有兩個關鍵包材需要校色,一個是鐵盒一個是內袋,鐵盒是馬口鐵、平版印刷;內袋是積層軟袋、柔版印刷,如果兩個不同包材要顏色一樣,必需要一個先印好拿來當色樣標準,這樣才能把兩個不同材質的包材達到一致的色彩,一般在上機印刷時,墨色通常可以上下調幅 10% 左右,軟袋柔版印刷在印墨上相對比鐵皮薄,建議鐵皮在上機印刷時拿軟袋的色樣來追色 (圖 5-35)。

■ 材質－馬口鐵
■ 版式－平版
■ 用墨－油性油墨
■ 加工－壓邊

圖 5-35

遊山茶訪精典系列

　　茶葉罐通常都是乾式的馬口鐵罐，此案例是在正常印刷後再印一道消光油，使黑色的罐身看起來較高級感，而在罐身的下半部印上冰裂紋的效果，此局部印上亮油看起來像磁器感，一個罐身上有消光及亮光兩個質感，會讓視覺效果產生強烈的對比，而觸感也很強烈，罐蓋是用模具冷壓成型 (圖 5-36)。

■ 材質－馬口鐵
■ 版式－平版
■ 用墨－油性油墨
■ 加工－壓邊

圖 5-36

統一烏龍茶

　　最早期罐裝飲料的罐蓋與罐底的口徑相同，這樣能節省成本，
上下蓋的模具只要一組就夠用了，但是上下堆疊時，上面的罐底與
下面的罐蓋不能相扣 (圖 5-37)。

■ 材質－馬口鐵
■ 版式－平版
■ 用墨－油性油墨
■ 加工－焊接

圖 5-37

　　不知從何時開始改良成罐蓋口徑小於罐底口徑，這樣在堆疊陳列時，上面的罐底就可以包覆下面的罐蓋，上下相扣很穩固 (圖 5-38)。雖然上下蓋不同口徑需要兩套模具，但也同樣可以節省成本，因為上蓋直徑小所需的鐵皮面積也相對縮減了。

圖 5-38

鋁罐（兩片罐）工藝

　　可樂這類碳酸飲料罐是屬於鋁罐材質。為什麼碳酸飲料必須使用鋁罐材質，而不是馬口鐵罐呢？因為這類飲料有汽，而鋁罐本身有非常細微的毛細孔，供這些有汽的飲料排解空氣，不至於爆罐，而且馬口鐵罐身有焊接的縫，這個縫無法承受碳酸飲料內的壓力。

　　未延展的鋁錠具有一定的厚度，經過數次的衝壓之後製成空罐，因此罐身與罐底是一體成型，沒有任何接縫，充填完畢後再加上蓋，所以鋁罐又稱為兩片罐（圖 5-39），也就是罐身罐底一片再加上上蓋一片。

　　鋁罐必須先製罐後才能印刷，也就是必須在圓柱狀的罐身上印刷，其工序與馬口鐵罐剛好相反，兩者印刷方式也極為不同。

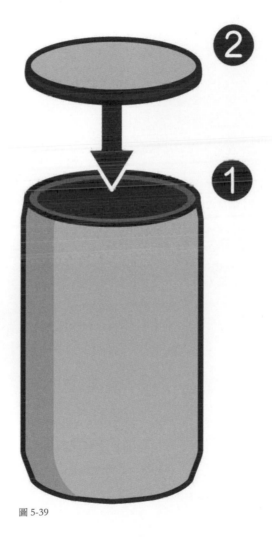

圖 5-39

鋁罐的印刷版是圓柱狀的，罐身與版是一路滾壓的方式來印製，有點類似齒輪運動。鋁罐的印刷不是 CMYK 套印的概念，每個顏色就是一個版，每個顏色如同專色的概念，所以鋁罐包裝設計大多為矢量圖檔，文字如果要在色底上，不能設直壓，製版分色時檔案會再經過專業整理。

　　而鐵皮及鋁罐不像紙張具有伸縮性，所以兩色相接可以印得很準，但是依舊會有很細微的機械位移，印製廠人員會適時檢測調整，馬口鐵的印刷與平版印刷一致，也是 150~175 線數，早期製版沒那麼細緻，正好用它的粗礦感做為底紋，別有一番復古風味 (圖5-40)。

圖 5-40

　　傳統鋁罐的印刷線數大約在 70~100 左右，現在可以將 133 線
的彩色影像印於鋁罐上（圖 5-41），並可在印製後於罐身上壓紋（加
強筋）以增強罐身的承壓力（圖 5-42 左邊百威罐身有垂直楞紋，除
了加強罐身挺度又增加手感）。

圖 5-41

圖 5-42

同樣鋁罐蓋口徑小於罐底口徑，堆疊陳列時很穩，這已變成國
際規格 (圖 5-43)。

圖 5-43

> ■ 材質－鋁罐
> ■ 版式－凸版
> ■ 用墨－油性油墨
> ■ 加工－抽罐

立倍怡新汽水

　　鋁罐跟紙箱印製原理雷同，都採用凸版(樹脂版)以過網或調整網點方式來經營圖案及色彩濃淡。上半部的立倍怡三個紅字並沒有壓在白底上，顏色都是錯開沒有重疊，因為它要快速上墨、快速轉印到鋁罐上，所以每個顏色沒有疊印，顏色與顏色之間都是緊臨著，包括白色也是，鋁罐油墨比較不透明，所以不是平版印刷油墨薄透明，可以兩色疊印產生第三次色(圖5-44)。

圖 5-44

Lux 造型系列

■ 材質－真空鋁罐
■ 版式－凸版
■ 用墨－油性油墨
■ 加工－抽罐

市售噴霧造型產品需充氣壓真空的問題，所以大部分使用真空鋁罐以防氣爆，這類型的鋁罐製程也是由鋁錠衝壓之後製成空罐，有些罐肩弧度很大不適合印刷，通常都只塗佈單色，瓶身才簡單地用專色套印，不會做過網處理，而色與色之間也是緊臨有疊印，這類先成型再印刷的工藝我們通稱為「曲面印刷」，如鋁罐、射出瓶、吹出瓶等 (圖 5-45)。

圖 5-45

圖 5-46

■ 材質－鋁罐	
■ 版式－凸版	
■ 用墨－油性油墨	
■ 加工－抽罐	

動元素運動飲料

　　下半部的水紋是藍版鏤空露出鋁的原色，背景的深藍漸變處理，是轉成位圖後以深藍（由上往下）及淺藍（由下往上）兩個專色印製。背面的白字也是挑戰，白色在最底層，往上一層是淺藍底、最上一層是深藍底，淺藍底與深藍底在分色製版時都必須把白色文字挖除，而且必須在淺藍色這一層做好補漏白，以避免機器位移產生錯位，藍色墨是採用透明墨所以可以帶出鋁罐的金屬感，而白墨是不透明墨，才能清楚地看到 Logo(圖 5-46)。

現在的柔版印刷精度可以做到很細，過網漸層基本上沒有問題，本案例的設計要與寶特瓶的設計一致，而寶特瓶上的收縮膜印刷精度比鋁罐高，所以在完稿製版上是一個考驗，漸層的表現手法在設計上是很常被使用的技法，而有些版式在漸層的表現上就比較不理想，例如：紙箱印刷是一個行銷上不太重要的載體，也不用花太多成本去印刷，夠用就好，因它終究是產品的附加品。

如果包裝設計很好，但在印刷工藝上沒有達到期待的效果，那就十分可惜了，如圖 5-47 閃電旁的漸層段太硬，便失去了它的細緻度。

圖 5-47

貼紙工藝

　　貼紙的材料很多元，可以選用銅版紙、PE 合成紙 (適合用於潮濕環境的產品，例如：洗髮精、沐浴乳等) 這兩類為最大宗，也可以選用有手感的紙質，如宣紙背膠。

　　貼紙一定會貼附在離型紙上，而離型紙需配合生產條件來選用，如人工貼標、半自動貼標或全自動貼標，離型紙的形式有可能單張也有可能是整捆。再者，如果是自動貼標機，離型紙要夠強韌以防貼標機器運作時拉扯斷裂。

玫瑰人生洗系列

　　洗淨類產品因使用及放置空間常在潮濕環境，所以包材通常都是耐水性的材料，而這些材料上的印刷，版式及油墨都有相對應，這案例就是最一般性的塑料瓶加標貼的設計，標貼在這包裝上扮演著傳遞商品訊息的重要角色，在面積當然越大越能把訊息放大，但瓶型已定，標貼的面積也隨著瓶子造型而改變。

　　首先我們要去算出此瓶型正面可印刷面積有多大，此面積當然可以用直接印刷或是貼標籤的方式來做設計，就看你要什麼樣的效果，此案採用貼標式來處理，貼紙材料是選用 PE 合成鋁箔紙，邊框的金色質感是不舖白墨印黃色就有金屬感 (圖 5-48)。

```
■ 材質－PE 合成紙
■ 版式－凸版
■ 用墨－UV 油墨
■ 加工－軋型
```

圖 5-48

有些產品可能有特殊的促銷檔期或是要特別強調的特點，會在包裝上再加貼一張貼紙，稱為「訊貼」。訊貼的特點是可局部上膠，在做完稿檔案時可以把上膠的區域標示清楚，便於在不太充份的包裝視覺面積上靈活運用 (圖 5-49)。

圖 5-49

5-9 冷燙工藝

　　冷燙工藝與四色印刷一樣，與燙金燙銀需要加熱的概念不同，成本低、速度快且套印精準，可以做到細字細點細線，想要冷燙什麼顏色，都可以在檔案內把 CMYK 標示清楚。例如：名片上的漸變藍金 (圖 5-50 本工藝由白紗科技印刷製作)，如果用熱燙的技術是無法達成的，傳統熱燙 (圖 5-51) 只能平版式燙出所需的金、銀色，沒辦法過網及顏色漸變，改用冷燙工藝即可達到想要的效果。

　　熱燙的技術很難再疊加其他工藝，而冷燙完成後還可以再壓印立體層次，圖 5-50 左上的玫瑰就是冷燙完成後再壓花，可以摸出凹凸的立體感。

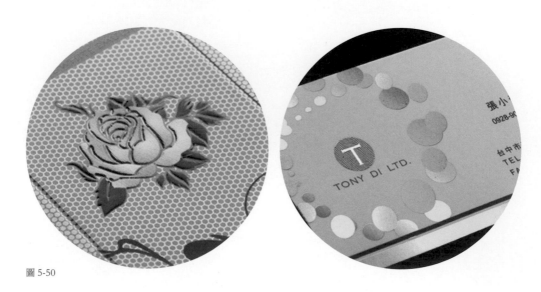

圖 5-50

圖 5-51

5-10 數位特效光印刷

　　新型的數位特效光印刷技術，是一個能夠為印品提供多種數位增效解決方案的綜合技術平台，實現高品質的應用特效，例如：可調整 UV 特效的厚度，取代傳統網版印刷和打凸效果、數位燙金、金屬特效，能為印品增加絕美金屬光澤，取代傳統網版局部 UV 上光 (圖 5-52) 增加其厚度，承印材料多元，是採用數位印刷方式，所以適合量少也可以承印的個性化商品定制 (圖 5-53)。

圖 5-52

圖 5-53

5-11 模內貼工藝 (In-mold)

　　塑料瓶上的印刷，除了絲網印，再來就是貼貼紙。模內貼的技術類似於將包裝的設計元素正向印在一張很薄的塑料上 (圖 5-54)，印完後，在容器生產時將這張塑料夾在模具內，注塑成型過程中就會將這張塑料黏在容器上，溶在整個容器內，如圖 5-55 所示膜內貼夾入模具之過程。

圖 5-54

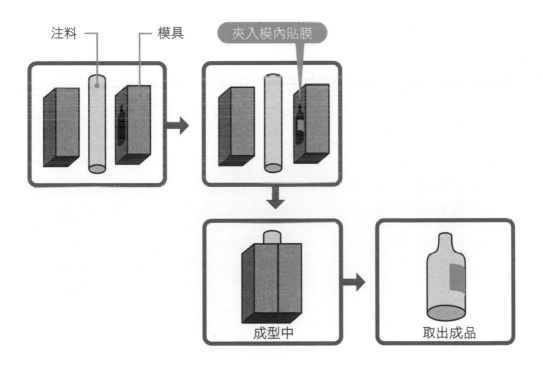

注料　　模具

夾入模內貼膜

成型中　　取出成品

圖 5-55

在包裝成品上可以隱約看出這張塑料的外型，誤以為貼了一張貼紙，但實際上卻撕不掉，也不太容易因為沾滴了內裝料體的化學反應而變色，洗淨類產品效果強如用瓶外印刷或是貼標，有時液體流過之處會把顏色漂白，讓消費者產生不良的觀感，所以這也是模內貼的一大優點。模內貼的範圍可以稍稍覆蓋具有弧度的表面，但如果過於球狀體，模內貼的工藝依舊無法勝任(圖 5-56)。

圖 5-56

(5-12) 軟性積層工藝 (KOP)

　　積層印刷完成的載體非常輕薄，必須複合裱褙在其他較堅挺的材料上，例如：鋁箔、PE 或牛皮紙等，需適內容產品屬性而定。而在所有裱褙的功能材裡，鋁箔材所呈現的顏色效果最好，在快消品的陳列架上，它也較吸睛。但要如何分辨這是複合在鋁箔袋上或是電鍍的工藝呢？如果有透明開窗的設計可以看到內容物，就是電鍍的工藝，鋁箔本身沒有辦法做透明的處理。

　　如果沒有透明開窗，還有一個很簡單的辨別方式，將材料對準光源，如果能隱約透光，就是電鍍，圖 5-57 左邊為裱鋁箔，右為電鍍。鋁箔就是用以避光防潮，確保產品有較長的保存期限，因此具有不透光的特性，成本相對來說也比電鍍工藝昂貴，圖 5-58 即為薄膜印刷後在裱褙鋁箔。

圖 5-57

圖 5-58

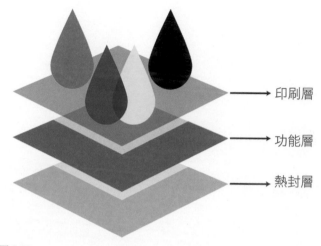

印刷層

功能層

熱封層

圖 5-59

　　這類的積層材料會有三大部分，最上面是印刷層，是裡刷，確保印刷油墨不易刮傷；中間層是功能層，必須視被包裝物的特性來選用這層功能層的材料，例如：茶葉或藥品，這層功能層最常使用的是鋁箔，如果是裝膨化食品或不需要嚴格保存條件的產品，則用PP、PE 或是牛皮紙等；最下面一層是熱封層，直接接觸到內容物，也是需視內容物的成分來決定熱封層的材質，以免發生化學質變。而之所以稱為「積層」，就是因為累積了數層的包裝材料 (圖 5-59 軟性包材基本組合結構)。

鋁材有陰陽兩面，一面較亮、一面較暗沈 (圖 5-60)，如果想
要達到較光亮的印製成果，可以指定將印刷層裱褙於鋁箔的亮面，
折射效果更好。

圖 5-60

如果想要較為低調雅緻的效果，則可選用裱褙於鋁箔較暗沈的一面，看內容需求而選定積層方式，如要看到內容物就可選擇裱褙透明基材，如產品需要耐保存、保鮮就可裱褙鋁箔材 (圖 5-61)。

圖 5-61

未來市場趨於小量化、個性化，軟袋的印刷從材料到油墨已達到環保要求，也更適合食品及化粧品的保鮮需求，運輸方便安全。在商品大量上市之前，很多廠商會先少量印製去市場試銷，因為現在柔版除了印刷精美外，裱褙材質的選擇也越來越多元，很適合短版商品使用，軟袋造型及開啟配件越來越多元，表面基材也越來越豐富，這些富手感的工藝已接近紙質印刷的特效（圖 5-62）。

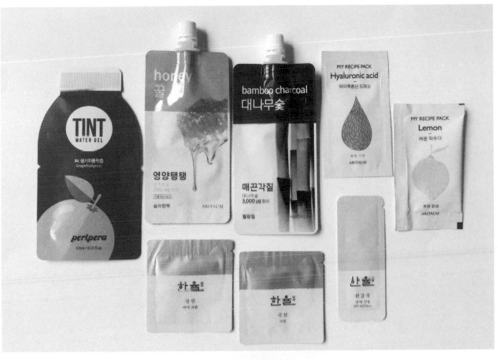

圖 5-62

前面提到可以將積層材料複合裱褙在鋁箔上，有一種新的材質是雷射（激光）鋁箔，雷射圖案可以有很多種變化，比鋁箔的單一質感更勝一籌，隨著賣場燈光的照射變化，包裝反射後的效果更為吸睛（圖 5-63 包裝案例為台灣積層公司所生產的包材），新的包材讓設計更多元，隨時掌握新材料使設計更豐富（圖 5-64）。

圖 5-63

圖 5-64

圖 5-65

無版數位印刷

　　這技術標榜一件可印。圖上的咖啡袋就是選用公版制式的鋁箔袋，但是包裝上的圖案，每一包都不同。這類技術的開發大幅造福少量印刷又有成本控制的需求者，同時也解決了包材庫存空間的問題 (圖 5-65 包裝案例為台灣積層公司所生產的包材)。

萬花筒軟件

　　設計師只要提供主設計的種子圖，透過萬花筒軟件的運算，可以將種子圖隨機轉化成無限的圖案組合，每一件印製成品都不相同，都是獨一無二，100 件可以印，10 萬件也可以印，隨著市場的發展與需求，配套的軟件開發也與時俱進（圖 5-66 包裝案例為台灣積層公司所生產的包材）。

圖 5-66

熟成

　　為確保顏色穩定，每裱褙一層就必須在恆溫環境等待熟成至少 24 小時，待化學溶劑與氣味散發完畢，有些特殊產品熟成時間更長，可達 48-56 小時之久。

(5-13) 收縮膜工藝

　　收縮膜的印刷工藝是軟性積層包材的一種，只是在印後不必再去裱褙基材，所以網點細度如柔版有限制，沒有辦法像平版印刷可以印 0~100%。這類的材質如果要印漸變，要將漸變的區域拉長，網點才能鋪得較順，且網點只能到 5% 左右（每家印刷廠條件不同，需再次與廠商確認網點容忍度），然而經過分色製版也會損失一些網點，因此最保險的做法，網點至少要鋪 10~15% 左右。

　　還有一個必須要注意的誤差問題：收縮膜在套入瓶型後需加熱把塑料膜貼著瓶身收縮緊貼，此時會因材料的物理性問題而呈現不對等的收縮，通常上下的收縮係數會比左右小（每種材料的收縮係數也不一樣），因此在做完稿時，須由製膜公司提供收縮係數，或是提供完稿正確尺寸 (Keyline)，如果自行去量瓶子的圓周或瓶高所做出的完稿，到時會產生無法套標的窘境。

　　如圖 5-67 的下圖，把品牌放在下面（瓶子最寬處），經收縮後變型縮小，圖 5-67 的上圖則是沒注意瓶子上小下大，瓶子中間的卡通造型變型最嚴重，單獨陳列也就算了，跟盒子陳列在一起觀感就不太好，這就是在完稿時沒有事先預測變型的結果，有經驗的設計完稿會在上下不做出血設計，並保留有 3mm 的透明料，因為塑料印上油墨，其收縮係數會改變而產生不貼瓶向外翻開的情況，若留下 3mm 的透明料，它會緊貼著瓶型收緊，產品將會很完美。

圖 5-67

收縮膜的特性是色彩飽和鮮艷、防潮耐水，可適合各式各樣的瓶型容器，不規則不對稱的造型更能展現它的特性，如圖瓶型非垂直型，上下由不同大小的球型組成，這類瓶型無法用貼標籤方式完成，收縮膜是最好最經濟的選項(圖 5-68)。

圖 5-68

　　現在印藝的技術進步到收縮膜可以冷燙也可以在表面印顆粒光（圖 5-69 工藝為久德工業有限公司製作），傳統的收縮膜是在透明 PET 上，以裡刷的方式印完裁條再封套，所以在金銀質感的效果只能用印金銀方式加工，此時的金銀質感無法達到亮金的效果，如再轉由傳統的熱燙金，PET 材質無法受熱，再加上所燙的金銀在收縮時也無法均勻收縮。

圖 5-69

而現在可以用冷燙將所需的金箔轉印上去（圖 5-70），新型的柔版可以達到 233 線的精細度，將能印出更廣的色域，如圖 5-71(工藝為久德工業有限公司製作) 下圖，灰色部份是在四色印刷後進行冷燙銀，再鋪滿版白，從上圖（正面）看就可以看到立體的層次。

圖 5-70

圖 5-71

■ 材質－PE
■ 版式－凹版
■ 用墨－水性油墨
■ 加工－熱收縮

動元素運動飲料

　　這收縮膜上面的深藍與下面的淺藍，採用了兩個
專色來印製，為了避免漸變印製的不流暢，先將原來
的矢量底圖做成影像位圖，由上往下做深藍的漸變，
再加上由下往上做淺藍的漸變，在中間拉長兩色交融
的區域，整體的漸變印製效果較為理想 (圖 5-72)。

圖 5-72

(5-14) 軟管工藝

　　塑料的軟管也是複合性材質，而有透明、白色或自行指定所需的專色 (圖 5-73)，生產工序是先將塑料加熱抽成管狀再印刷，印刷方式是採用樹脂凸版「表刷」，網點較粗，不適合印彩色影像，如有漸變的設計，也須注意網點不得低於 7% (每家印刷廠條件不同，需再次與廠商確認網點容忍度)，過網點不要太低且漸變區域盡量拉長，如圖 5-74 右圖軟管的漸層，就無法像紙張平版印刷漸層從 100 至 0% 的順暢。

圖 5-73

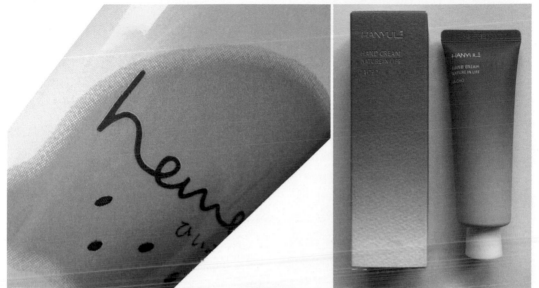

圖 5-74

圖 5-75

　　它的印刷方式很像鋁罐印刷及限制，設計師必須了解材質與印刷的適性，以免設計出無法達到的效果。軟管材質可選擇透明質感、磨砂質感，上面封邊可以開模具做造型（圖 5-75）。

鋁塑複合軟管工藝

圖 5-76

　　鋁塑軟管成型後看起來跟軟管一樣，因基材有鋁箔層耐光所以保護產品較佳，而鋁是金屬材質在擠壓後較不會回彈，常被使用於牙膏或一些高端產品，其生產工序是先平面印刷後再裁片成型 (圖 5-76)，印刷方式是「平版」，網點可以做到較細，彩圖可以做四色過網分色，唯有管身有封管所產生的封條，所以沒有辦法印連續接圖 (圖 5-77)。

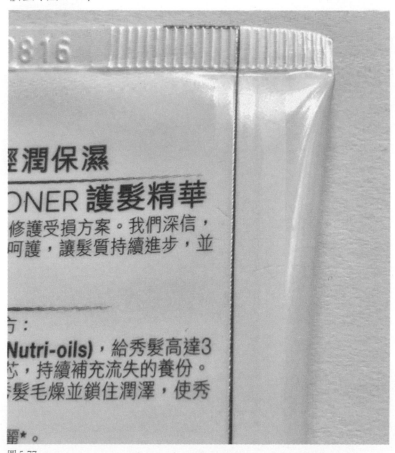

圖 5-77

市售的鋁塑管也有是用鋁箔貼紙貼合於軟管上，表面上看起來很亮，而經過多次的擠壓後，貼合處會脫離，對品牌形象產生負面作用，下圖 5-78 左邊是用鋁箔貼紙貼合，右邊則是鋁箔管再印漸層半透明白墨的效果。

圖 5-78

5-15 PP / PE 工藝

塑料材質有透明及不透明，依據使用的載體來選用裡刷與表刷
工藝，若是用於收縮膜，大多是裡刷 (如圖 5-79)。

圖 5-79

表刷則是用於類似貼紙不透明的材料上，例如：可口可樂大罐裝的瓶標，用的是貼紙而不是收縮膜 (圖 5-80)。這種碳酸飲料不能用收縮膜，收縮時的壓力容易與瓶內氣體壓力產生氣爆，所以設計師在選用材質時要特別注意。

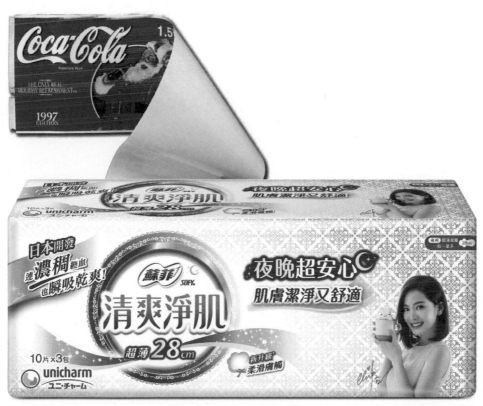

圖 5-80

前面提到裡刷，現在來談談表刷。表刷是用柔凸版，裡刷是用凹版，在這可以大致再說兩種版式的不同之處，凸版印刷網線比較粗，凹版的網線比較細，而表刷可以用金屬油墨印刷來增加質感 (圖 5-81)。

圖 5-81

(5-16) 注塑瓶工藝

　　塑料主要是 PVC(聚氯乙烯)、PP(聚丙烯)、PE(聚乙烯)、PET(聚脂)等。注塑成型又稱注射模塑成型,瓶子先成型後再印刷,如果塑料瓶的印刷面積呈球狀,就得使用「移印」的方法,移印的方式很像是氣球裝水下面沾墨再移到別處壓印,以具彈性球狀體為轉印載體,先在版上沾附圖案油墨,再把球狀體移印到被印塑料瓶上,因是軟狀球所以可以包覆瓶身面積較大,也可隨弧度而包覆。

　　另外還可以採用曲面印刷工藝，如果被印塑料瓶有些微弧度，網版絹網較軟也可以相應配合弧度印刷，就像類似不倒翁的原理左右滾壓來印製，因受限於版式的問題，它們都只能做些套色印刷，但不論何種印刷工藝都有一定的最大印刷面積，在設計下手前還是先搞清楚狀況比較好，以免設計落不了地 (圖 5-82)。

圖 5-82

圖 5-83

（5-17）**吹塑瓶工藝**

　　以輔具夾住瓶胚（圖 5-83）後加熱吹成型，如果要印刷大約也是搭配曲面印刷與移印。瓶胚的口徑是制式的國際規格，搭配螺旋蓋也都是有制式規格，其容量多寡影響的是瓶胚長短。吹塑瓶大多用於飲料瓶，而且吹瓶廠就在飲料充填廠附近，避免空瓶運輸過程中造成污染，而飲料的充填方式又分為熱充填及常溫充填，視產品加工而定（圖 5-84）。

圖 5-84

(5-18) 玻璃瓶、白玉瓶工藝

　　茅台這類的酒瓶並不是在玻璃瓶中加入白色粉末，而是採用了白玉的材質，又稱乳玻 (圖 5-85)，早期很多燈罩也用乳玻修飾光源讓室內光線很柔和，如右圖。玻璃瓶、白玉瓶同樣也是先成型再印刷，應用的工藝是曲面印刷、移印、轉印、花紙燒印等印刷技術。玻璃、陶瓷貼花紙絲網印刷和其他彩色印刷的疊色原理不同。

　　一般彩色印刷是通過四原色的疊印產生圖文，而貼花紙專用顏料是由金屬氧化物組成的油形粉末狀有機顏料，它具有印刷後無光澤、疊色不變色、經燒烤後變色的特性。所以，貼花紙絲網印刷採用的是分階印刷法。

圖 5-85

透明玻璃瓶的加工工藝比較多元，除了可以用上述的幾種方法，有些毛玻璃的效果，有噴沙、轉印及酸刺等方法來達成這個效果 (圖 5-86)。

圖 5-86

圖 5-86

■ 材質－玻璃
■ 版式－網版
■ 用墨－陶瓷墨
□ 加工－無

台灣勁水海洋深層水

　　玻璃瓶上不能燙金銀，這款包裝正面的台灣勁水四個字，「台、灣、水」三字為墨綠色字、「勁」是金色字，所以是用花紙燒印把四個字都印在同一張花紙的方式來製作，而瓶身背面的「勁」字是磨砂效果，不是印白。玻璃的磨砂效果有噴砂、轉印、酸刺三種工藝，酸刺是透過化學溶劑來達成，沒有被化學溶劑腐蝕的地方保留了玻璃原來光亮透明的質感 (圖 5-87)。

圖 5-87

5-19 水轉印工藝

常用於不規則成型物的印製，將圖案轉在水上，再將被印物沈浸在水中，圖案或自行附著在被印物上。水轉印就是借助噴墨打印機打出來的圖片，結合熱轉印的優點，利用與水的搭配，從而實現在任意固體物品表面印制出任意圖案。因不受材質、曲面、塗層等方面的影響，所以可以將指定影像印制到他所喜愛的物品上，從而實現獨一無二的個性化視覺物品，突破了熱轉印的技術的侷限性（圖 5-88）。

水轉印
動態影片

圖 5-88

(5-20) 光盤工藝

　　因為刻錄資料的那一面不能接觸或摩擦到任何表面，以輔具夾
起光盤後再藉由移印的方式將圖案印製在光盤上。移印技術是一項
比絲印較新的印刷術，當矽樹脂移印膠頭開始出現，此技術亦逐漸
發展起來。矽樹脂移印膠頭能輕易與很多類型的物質（包括油墨）
脫離。運用此膠頭作為印模，可於凹凸面、傾斜面及垂直面上同時
印刷（圖 5-89），附錄 16 為完稿刻錄光碟確認檢核單，供各位參考。

矽樹脂移印
動態影片

圖 5-89

5-21 熱轉印工藝

　　右圖這款禮盒是先成型，再透過熱轉印方式將圖案印製在盒蓋上。熱轉印的技術也可以用在衣服上，在衣服上印彩色圖片，大多是熱轉印的應用。熱轉印工藝是通過熱轉印膜一次性加熱，將熱轉印上的裝飾圖案轉印於被裝飾材表面上，形成優質飾面膜的過程。在熱轉印過程中，利用熱和壓力的共同作用使保護層及圖案層從聚酯基片上分離，熱熔膠使整個裝飾層與基材永久膠合 (圖 5-90)。

圖 5-90

$5\text{-}22$ 植絨工藝

植絨印花是將纖維粉末 (由廢纖維通過磨碎或切斷得到的短纖維，長度一般為 0.03~0.5 釐米) 垂直固定於塗有膠粘劑的物體或承印物表面上，獲得平絨織物樣印刷品的一種工藝方法。植絨的顏色可以染色，也可以選擇植絨的厚度 (圖 5-91)。

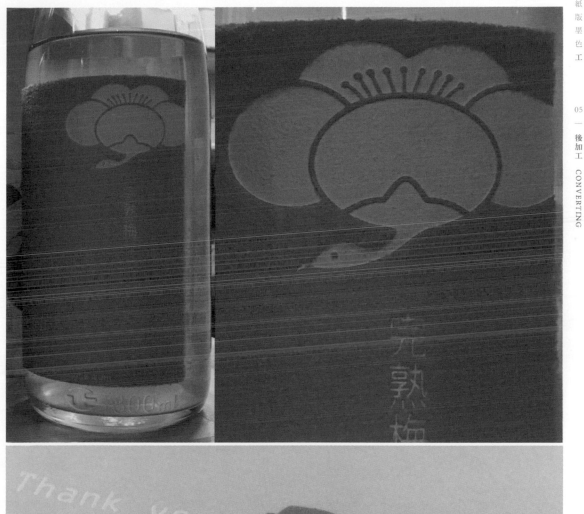

圖 5-91

5-23 烤松香工藝

　　脂松香 (英文名：Gum Rosin)，是一種天然樹脂，原料來自於松樹中的松脂，松脂經生產企業加工生產後得到脂松香白色粉末。

　　印刷時趁油墨未乾時，撒上松香粉，松香粉會黏著於油墨上，再抖落多餘的粉末，送進有輸送帶的烤爐烘烤，松香粉遇熱會融化發脹產生透明凸起狀，待冷卻後就有局部上光的效果，可以做得很細緻，因為是有機物所以凸起時表面會自然的凹凹凸凸，質感比無機的網版局部上光更有特色 (圖 5-92 此工藝為傑出國際有限公司製作)。

圖 5-92

5-24 凹凸紙雕工藝

　　不是用金屬的打凸版，而用紙板雕刻出來的打凸版，可以做出深淺層次。如果用金屬的打凸版，製作成本相當高，因此少量印製的市場需求會有許多相應的工藝衍生出來，紙板雕刻的工藝對於有成本考量的用戶來說，是極佳的選擇 (圖 5-93 此工藝為傑出國際有限公司製作)。

圖 5-93

6

綜合案例
CASE

案例

　　先不談主觀的設計,包裝材料或工藝這些事主要劃分為使用前、使用後以及使用前是否易於開啟。除非有特殊的保存條件,如果一般產品開啟時須透過特殊工具,即違反了「提供消費者便利」的理念。使用後的包裝好不好回收,影響的是品牌商形象及社會責任,對於包裝供應鏈的資訊是否足夠了解,這些瑣瑣碎碎的事都是一位專業設計師的職責。

　　利樂包使用前只要插入吸管,符合了「方便」的要求;使用後可以壓扁丟棄或回收,即使踩扁面積也小,利樂包材雖然有七層裱褙材料,但是可以靠技術把材料分離,依各種材質的比重抽離,便於回收。設計師或許沒有能力改變包裝產業鏈及工程,但是如果想做包裝包材開發,這是個良善的出發點。如果包裝沒有同時顧及使用前及使用後,很容易被淘汰。利樂包從 1952 年至今之所以沒能被大量取代,或許這也是原因之一,近代也尚未出現過比利樂包更便捷的包材。

　　設計師在設計產業鏈扮演很小的角色，業者、消費者、包裝製程、市場流通、包裝回收、回收再製或改造等，設計工作在整個產業鏈佔有比重太小了，必須理解自己的位置，設計師在產業鏈中不是引領者，也不需大聲疾呼自己的創意有多神聖不可侵犯，再偉大的創意都必須落地與社會結合。如果對業主、生產、社會有什麼負面發言，只不過彰顯設計師過度自我膨脹的無知與渺小。

　　以利樂包為例，是說明設計師必須博學，因為你永遠不會知道你下一個案子是什麼產業、什麼產品、什麼設計內容，唯有隨時把自己準備好應付下一個挑戰。本書談到的紙、版、墨、色、工，各章節不僅獨立存在於一個知識系統、更需要上下串聯，將其融會貫通才能將工藝發揮最大化，設計不光是站在本位去思考，必須成為統籌各項專業職業技能總合的舵手。本章節我們再來繼續探討一些案例，這些案例的精神都是一些創新概念，到底是先從設計人的角度去思考？還是由產品設計者去孵化它成為一個有用的物件？沒有決定非設計師或產品設計者不可，你也許是下一個主流的創作者。

｜ 改變台灣茶葉包裝的三角立體茶包 ｜

　　自從立頓品牌引進台灣，「立頓」很快即成為紅茶的代名詞，代表了進口、高級、精緻的形象。有別於進口茶商品，當時台灣傳統的飲茶型態是以自泡茶、喝功夫茶為主要生活上的飲品，因此立頓「茗閒情」於 1996 年以台灣茶系列切入本土茶葉市場時，在整個茶葉市場上，最大競爭對象除了茶行的秤斤散茶外，便是市售傳統散裝茶及農會的自種茶及比賽茶。

　　為了突破此種販賣茶葉秤斤論兩的販售方式，立頓遂從茶的品種及便利性上開始研發改進，首先以台灣在地茶種為主，便利性上以定量、定溫就可隨時隨地沖泡一杯好茶，來搶攻白領市場，後來便以「原片茶葉」為商品的開發重點。為了使原片茶葉同時具有高品質茶味及隨時沖泡的便利性，提供茶葉有更多的舒展及浸泡空間實屬至關重要，經研發後採用了三角「立體茶袋」結構（圖 6-1），使茶葉能在茶包中完全展開，讓浸泡面積加大使茶葉更舒展。

圖 6-1

圖 6-2

　　在擁有三角立體茶袋專利的十年歲月，它已徹底改變國人飲茶的習慣，從此隨身原片茶包已變為市場的主流，改變了台灣人的飲茶習慣也改變了台灣茶葉包裝思維。

　　專利期間，競爭者無法提出更有效的茶包型式來扳回一城，眼睜睜看著三角「立體茶袋」橫掃大眾市場，即使專利期過後大家可自行採用「三角立體茶袋」，但早已來不及，市售眾家品牌再怎麼打三角「立體茶袋」，整個廣告效益也都被「茗閒情」所吸附（圖6-2）。這個成功案例是包裝設計被消費大眾接受呢？還是它的包材策略被消費大眾接受呢？

圖 6-3

圖 6-4

　　商品發展過程中，為了要凸顯三角立體茶袋的獨特性，在包
裝的結構型式上發展了很多方向 (圖 6-3)，每個設計方案都從上架
陳列及可落地生產去檢驗，一一過濾修正，最後還要附合包材成本
及生產線上的人工成本這一關，商品開發常常會有一些有趣的事發
生，過程中有人提議把綠茶單獨拉出一條線來發展，就有了這個設
計案 (圖 6-4)。

｜ 改變台灣香腸包裝的充氮真空包 ｜

　　早年一般傳統市場販售的香腸，都是小販肉商自行加工生產灌製，灌製後多半是利用吊掛自然風乾的方式來保存，早上開市販售就掛出來，收市後就收起來回家再掛，而販售時婆婆媽媽總是伸手去捏一捏，捏看看香腸的風乾狀態，同樣的一斤價錢，越風乾香腸的條數越多，在早年經濟環境不好的當下，一位家庭主婦能支配的菜錢不多，如能多買一條是一條。若大家都來捏一下，香腸上面滿滿的千手印，其實不太衛生，製程上也加了一些不必要的成份延長保存，當消費意識抬頭，這樣行為早晚會被淘汰。

圖 6-5

當時的肉品大廠如新東陽、黑橋牌等,他們的灌製香腸產品也是採用開放吊掛式販售,統一「滿漢」香腸於 1985 年進入肉品市場時,鋁箔封膜沒有辦法做到透明開窗設計,只好以香腸彩圖來提示此為香腸產品,在當時是第一個盒裝的香腸品牌,它必需扮演教育消費者的責任,教育成功將是品牌的資產,往往很多企業並不想做第一,「拿來即用」是他們想走的捷徑,當時在肉品市場上是沒人知道的新品牌,也是第一家將傳統香腸採充氮真空包裝的品牌 (圖 6-5)。

因為市場通路的改變,產品開發的策略也要改變,統一並沒有自己的零售門面,所以走賣場及超商通路,這些通路都需要模組化、系統化及規格化,傳統吊掛風乾銷售不可行,因為氮氣比空氣重,所以在封膜時充氮,把空氣溢出,香腸可以延長保鮮期。統一「滿漢」香腸充氮真空包裝上市後,改變了傳統吊掛式的販售方式,也改變了香腸冷藏的販賣型式,使得食品更保鮮、食用更安心。

三十年前的罐裝茶，乏人問津；
這門生意有機會嗎？

　　茶，稱之為國飲，小時候路邊到處可見的「奉茶」，搭火車的記憶也是那一杯隨手沖的熱茶。茶，似乎是便宜低價的意識。在設計生涯中有個「統一烏龍茶」案例，這罐裝茶的產品概念源自當時日本上市的烏龍茶，當年在台灣尚沒有罐裝茶的案例可參考，對於消費者要花錢去買一罐茶，到底該從什麼溝通訴求下手？陷入苦思。

　　1983 年上市後銷售反應糟透了，不到一年立馬下架一鞠躬；後來經過檢討，得知該產品「與生活習慣產生衝突」是最大的失敗。奉茶到處都有，為何要花錢去買罐裝茶？而且老人家又常提醒：「冷茶傷胃」，大部分的人也認為喝冷茶會傷身，卡著這個觀念在當時推出冷飲罐裝茶，就像是魔咒一般在客戶與廣告企劃間反覆地爭論著。然而，成功總是留給有遠見的人，統一算是很早看到罐裝茶的潛在商機，雖當時引進日本的茶概念，而沒有直接去抄襲日本的包裝設計，卻也沒有跳脫「喝茶」給人的傳統印象、老舊沈重文化的慣性思維 (圖 6-6)。

圖 6-6

後來開喜烏龍茶仿效日本三得利烏龍茶包裝（設計/牛島志津子1981），一連串反骨的廣告推波下，讓它打開了罐裝茶的市場（圖6-7)。這成功，不是包裝設計的功勞，而是當時尚有其他廠商也投入茶市場，整體集市效應進而創造了一個罐裝茶飲的市場大餅。然而統一烏龍茶的陣亡，其犧牲經驗造就了後來「茶裏王」、「純喫茶」兩強在市場上的霸主地位，如當時企業觀望別人先上陣，見好才上，今天罐裝茶的市場可能霸主是在別人手上。回看過去，唯有執著才有自己的位置。

圖 6-7

| 馬口鐵蓋好 |

　　包材人人會用，各有巧妙不同。在現今包裝產業鏈上，除了廣泛的軟性包材外，馬口鐵算是較良善的包材，具有成罐方便及利於產品加封儲存的特性。馬口鐵分乾罐及濕罐，是以產品屬性來決定採用何種罐體，在設計應用上沒有特殊限制，可以用正常的四色印刷工藝或是專色來印，印製效果都很好；在燙金燙銀的質感上更是比紙張真實，因為馬口鐵本身即是金屬材料，在常用的消光、亮光及局部上光後加工，或是打凸及打凹的效果跟紙張沒什麼兩樣。

　　馬口鐵皮是先用平張印刷，後再加高溫至約 280 度左右把油墨乳化在鐵皮，並覆上亮面防止脫墨後再成型，這過程宛如汽車烤漆一樣，所以每罐馬口鐵都有烤漆般的手感。馬口鐵材質特性也較環保且耐用，有些小禮品、小商品也是由馬口鐵製成，在內地大量使用在茶葉罐上，因為它具高度重複使用性，也比紙盒、紙筒來得穩固，質感也較高尚。

　　在這裡來談一下「重複使用性」這個議題，在包裝材料或結構型式的設計上，要注意消費者的「使用方便性」這個利益點(Benefit)。使用方便性又分為「方便使用」及「使用後方便處理」，這是一個包材能被接受的重要因素，尤其是在快消品的包材選用上更是重要，消費者可能隨時隨地都在使用商品，如在使用時需要適當的工具才能開啟或使用到內裝產品，那將是這個商品災難的開始，消費者沒有義務去承擔這樣子的不便性。

圖 6-8

在圖 6-8 影片中，上蓋開啟
咬口結構的馬口鐵罐，可以單手
輕易的開啟及蓋回；如圖 6-9，
它在上蓋邊切一斜角，再利用蓋
上凹口下壓，讓空氣注入，就較
容易開啟，採用上下蓋的原則，
可確保氣密性，但在上蓋向下壓
緊時，罐內空氣會被排出，再開
蓋時會較緊不易拉開。

圖 6-8 馬口鐵罐
動態影片

圖 6-9

　　圖 6-10 的左邊為上掀蓋式、右為滑蓋式，圖 6-11 的上蓋邊凸處就是讓人使用方便的設計，這些設計都不是美學上的應用，是以人因工學的方面去思考，也確實做到滿足消費者的 Benefit，這就是我們要追求的「善的設計」。

圖 6-10

圖 6-11

食品包裝一直被視為環境殺手，但如今情況卻發生了轉變！

　　超商的出現讓加工食品更加繁榮發展，而包裝的重要性不僅體現它能在食品的運輸和儲存過程中提供了保護，還可以提供一種重要的產品識別手段，以應用於產品標示及廣告。

　　紙包裝食品和罐裝食品的選擇不斷豐富，直到二次世界大戰結束後，塑料的出現，預包裝食品才真正佔領了超市貨架。上世紀50年代，瑞典於銷售牛奶時率先開始使用，由塑料七層壓紙板製成的一次性盒子做為包裝，從那時開始「利樂包」誕生，消費者便認為，他們隨時都可以方便買到預包裝的新鮮食品。

　　在人均收入較高的地區，食物的浪費出現在更多的零售和消費過程中。發展中的國家許多食物還沒擺上餐桌就被扔掉，或是食用到一半就被扔掉。研究表明，目前的包裝類型都普遍存在一個主要問題：包裝內的食物份量往往太多，導致部分食物在消費者食用前已經變質。所以近年的趨勢就是「小量化」及「易於重新封口、易於徹底倒空、易於回收利用等」，這類的包裝概念或包材開發已慢慢被廠商採用。

圖 6-12

　　瑞典 Tempix 公司開發一種帶有指示器的紙質標籤，它可以指示溫度是否超過預設的溫度極限。這款指示器不僅讀數方便，還能設置不同的溫度超限容許時間。如冷藏中斷，標籤上的條碼也會自動破壞，消費者看到斷裂的標籤，就不會購買產品了（圖 6-12）。據聯合國 FAO 統計，地球上近 30% 糧食在生產時因沒有好好包裝而被扔掉，印度生產的食品有 50% 被白白扔掉，這些浪費都是源自於沒有找到合適的包材所造成。

圖 6-13

　　包裝的設計已不再只是視覺上的工夫，而需去思索人類與環境、資源的共生，未來我們將會看到比現在包裝尺寸小得多的產品上市，這改變將引導消費者發現，吃完包裝內的食物不再像以前那麼困難，也會投入更多心力去關心包裝材料及食品本身的知識，理性的消費群正在迅速成長。

　　在全球環保的大議題下，英國推出可再使用的罐裝概念包裝，是以設計解決問題的典範，罐身印刷霧面磨砂白，非一般鋁罐亮光墨（圖 6-13），瓶蓋採用塑料，非傳統的鋁拉環（圖 6-14），拉起即破壞拉環，具有指示性（圖 6-15），並可重複推前推後使用（圖 6-16）。

圖 6-14

圖 6-15

圖 6-16

五種改變行業格局的未來食品包裝技術：

❶ 水溶性包裝：可溶於水的包裝，將幫助減少垃圾數量。

❷ 智能包裝：包裝上的傳感器將顯示食物的最新狀態，可以繼續食用還是必須扔掉。

❸ 可食性包裝：或許可以將漢堡包裝紙連同漢堡一起食用。

❹ 自冷卻包裝：只需按下包裝上的按鈕，自冷卻罐中的液體便可在幾分鐘內完成冷飲。

❺ 自加熱包裝：可以在幾分鐘內將包裝內的食物加熱到需要的溫度。

社會趨勢將影響我們未來的食品包裝方式？

❶ 城市化：如今小家庭數量越來越多，開發小包裝的商品正是時候。

❷ 網路化：數位時代的升級促使網上購物的趨勢有增無減，對包裝的質量及結實度提出更高的要求標準。例如：包裝不能在運輸過程中破損，因此玻璃瓶的使用率可能會下降，取而代之的是塑料瓶及可充氣的軟袋包材。

❸ 多樣化：與傳統的商店相比，網上銷售的商品需要更多包裝，而每種情況都會涉及不同類型的損壞風險，所以需要開發不同類型的指示器來檢視是否被毀損或是被惡意拆封。

❹ 共享化：環境維護的話題持續發酵，可再生原料的預見比石化原料更受關注，傳統紙質材料也將發展出複合式的紙品。現在的消費者對於所吃的食品來源很感興趣，這關係到食品的成份，也關係到食品的包材。

CASE 6

| 品牌形象始終如一，讓消費者死忠如一 |

　　你的商品賣的是一個流行的主張嗎？愛喝 Coca-Cola 的人很多，愛收集 Coca-Cola 的人也很多，市面上能有如此眾多粉絲的品牌還真的不多，行銷厲害之處就是在這些小地方，它不會太用力地去擦脂抹粉，把自身打扮得讓消費者看心情去喜歡它，不會一下子扮成 Coca 酷先生，一轉身又扮演 Cola 俏小姐，品牌形象始終如一，才能讓消費者死忠如一，打從潛意識去接受。

圖 6-17

　　一百年的品牌多得是，有些品牌傳達的是傳統、有的是說技術及工藝，有的就賣它的商標，而 Coca-Cola 給人的印象是「流行」，就如同有人說：沒知識也要常看電視 (流行的媒介)，消費者不用去理解專業的行銷知識，他們的消費就像看電視那麼輕鬆就好，這就是「供與需」的遊戲規則。

　　可樂，果然玩得很歡樂，曲線玻璃瓶一直就是 Coca-Cola 產品給人的印記。隨著包材工業的提升到工藝的多樣化，它由百年前的玻璃瓶，演變到今天的鋁壓瓶，雖然鋁壓瓶與原來的玻璃瓶差很多，但這個演變並沒有違和感，百年風華，不論是玻璃瓶還是鋁壓瓶，都很有型，因為消費者在生活中早已習慣鋁罐的商品，而鋁罐造型百百種，唯有可樂玩得很型 (圖 6-17)。

Coca-Cola 型不型

玻璃瓶的生產製造很普遍，難度也不高，那來看看鋁壓瓶到底哪裡型！圖 6-18 左邊這罐是俗稱「兩片罐」就是瓶身經多道擠壓而成瓶型，充填後再加上封蓋，整瓶是兩片式而成；右邊這罐是俗稱「三片罐」是傳統馬口鐵罐的製罐法，也就是瓶身先成瓶型，瓶底再封底，最後充填後再加上封蓋，整瓶是三片式而成。

圖 6-18

圖 6-19

當看到了 Coca-Cola 推出三片式鋁罐包製（圖 6-19 三片罐（左邊）與兩片罐（右邊）底部的結構），又覺得開了眼界！包裝工業的進步，確實給廠商帶來強大的競爭力，所以世界各大品牌商都投入大量的研發，期待能給消費者新的體驗。這趨勢的發展在未來會越來越火，在製程少污染、材料輕量化的環保要求下，這樣的改變是必要的。

而這 Coca-Cola 三片罐的製罐技術大有突破，同樣採用了三片罐的製法，但其罐身也是用鋁管壓型，罐身非焊接保有完整管狀，而其罐身的曲線，增加了瓶身的抗壓性，不易受內容物氣壓而變型，所以可以充填有氣的產品。

| 乾式濕式看罐底 |

　　「三片罐」是馬口鐵罐的製罐法，先將馬口鐵平張印好，按罐身尺寸切板，經切角、端折、成圓、勾合、踏平、焊錫、翻邊後製成罐身，再與罐底封合，通常有錫焊或電阻焊兩種，最後再封一邊底部，送廠填充內容物後，把另一邊封罐，所以罐身會有封條，通常被使用在「無氣泡」的商品 (圖 6-20)。

圖 6-20

圖 6-21

　　「三片罐」由上蓋片、罐底片及罐身片三片焊製成罐型，在製成罐型時會視內容物及客戶的需求而指定「封底」或「包底」的型式。一般液態產品都採用封底式的鐵罐，密封性好，底部沒有空隙，亦稱為濕式罐。包底式鐵罐較適合多邊形的罐身，亦稱為乾式罐（圖 6-21 上邊為「封底」罐、下方「包底」罐）。

| 包裝設計突破口 |

CASE 9

　　無論多美、多了不起的包裝設計，消費者的「使用方便性」是唯一不變的客觀因素。日常生活中我們時時都與各式各樣的商品接觸著，要快要好又是必須給到的基本面，國際大品牌一定會關注此事，處處滿足消費者的需求才是王道，當然 Coca-Cola 也注意到了。

　　它為何要用兩種瓶蓋，因為考慮到消費者的使用方便性（包裝的突破口），一個是啤酒蓋，一個螺旋蓋，螺旋蓋常使用於一般的即飲包裝上，而啤酒蓋大部份使用於紀念瓶，也承襲了傳統的玻璃瓶都用啤酒蓋的印象（圖 6-22 左邊為啤酒蓋、右邊為螺旋蓋）。

圖 6-22

M型社會，有機禮盒的開發預想！

　　經濟不景氣，日子還是得過。台灣人好客好禮，送禮收禮是常有的事，在這個M型化的社會趨勢裡，相互送禮的情形將發展出怎樣的模式？多年的禮俗，在M型社會的結構下會是朝高峰走還是向谷底滑落？整體的禮盒市場又該如何來因應？

　　競爭的商業環境中一定有各式因應的模式推出，終究M型化是一時的，生活條件再怎麼不好，送禮需求永遠不會消失。這時企業該好好思考為這個M型化時代推出什麼禮品。以下是針對這話題進行的瘋狂操作，個人的一些概念發想與各位分享。

　　首先做送禮當下的各種評估判斷：

- ✓ 目地：回禮、敬謝、工商往來。
- ✓ 心態：分享、愛面子、炫耀、不得已。
- ✓ 對象：父母、長輩、師長、親朋好友、同事、同學、男女朋友、晚輩。
- ✓ 價位：天價、高價、中價、低價、Free 贈品。

送禮時首先在腦海裡大多會思考「價位」，直覺以數字判斷送禮的層級，由價位再衍生出以下的對應：

❶ 禮盒定價：實際售價 vs. 心理價值

　　一般在送禮的價位上大致可分為：300 元 (台幣，以下同) 以下的伴手禮、300~600 元是小禮、800~1200 元尚可、1500~1800 元以上是屬於中價位、2500 元以上算是高價位了。在此必需注意的是送禮時的實際售價還是心理價值，商品如果是固定的售價，就可以改以禮盒包裝來提昇價值感，商品的組合或是禮盒包裝設計的附加價值等，都是可以思考的環節。

❷ 禮盒型式：實體禮盒、宅配、禮券

　　禮盒的型式千百種，隨著工商的發展，除了傳統的禮盒 (稱為實體禮盒) 外，禮券也是另一項選擇；網路下單直接宅配到收禮者手上，這樣的趨勢也越來越多。那麼，宅配的禮盒包裝要以宅配的運輸功能為主還是以禮盒的精美需求為主？

　　禮盒的型式難免影響到收禮的感受，禮盒的定價會對應到送禮的預算及送禮的對象，送禮的心態又會連動到禮盒的型式。M型化的社會僅留下高低兩個位階，看似單純，但是「M型社會禮品組」並非如此單純，要應付這種多變向的需求，提出一種可隨機組合的「有機禮盒組」，正可滿足大眾的需求 (圖 6-23)。

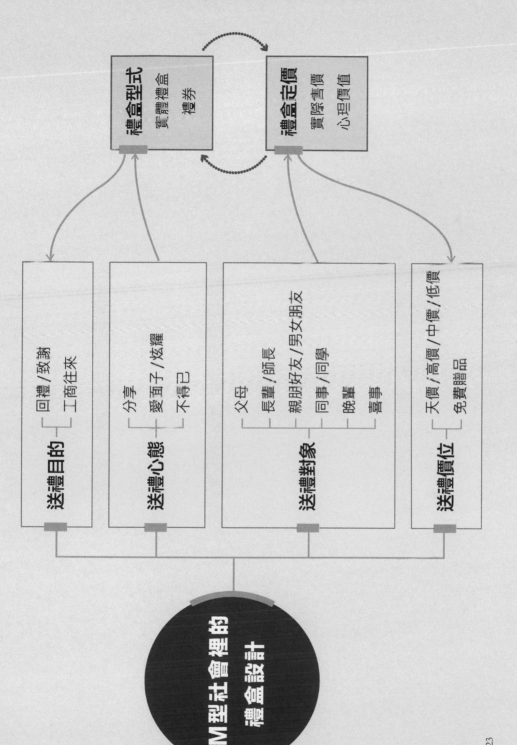

圖 6-23

441

❸ 概念設計構想

整體的設計構想，是要找出一個有機且可隨意組合的禮盒型態來解決以上的問題。如下的發展構想僅在概念上提出形式探討，尚未加入視覺表現。

- 如變形蟲式的有機發展結構。
- 如堆積木式的結構。
- 如疊磚塊的同比例組合結構。
- 如吹氣球式的放大縮小結構。
- 如同心圓放大結構。
- 如同中心點矩型放大結構。
- 如拼圖式的上、下、左、右拼結構。
- 如大盒型刪去法至小盒型結構。
- 如蛇腹型變長式結構。

　　形式結構的發展有無限的可能，必需明白形隨機能而走的原則。在商業設計範疇當中還必需是可執行製作。以上提出的多種概念想法，是以實驗的方向來推演發展的可行性，在執行及成本上尚有改進的空間。

❶ 堆積木式的結構

　　在組合上，屬於上下左右四方連續的立體延伸，如再加上磚塊形式的有系統同比例結構，較適用於量化的禮盒組的需求（圖 6-24）。

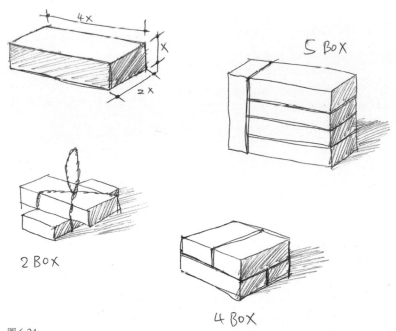

圖 6-24

❷ 同心圓的放大結構

　　事先由瓦楞紙板由同心圓向外組成，可視實際商品大小，再
撕去不要的瓦楞紙板，依實際商品置入盒內，再蓋上盒蓋便
可完成禮盒組 (圖 6-25)。

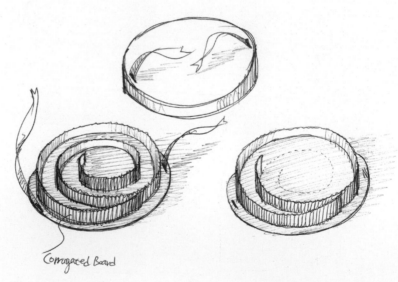

Corrugated Board

圖 6-25

❸ 同中心點矩型放大結構

盒內的格間飾條，事先製作出一定的尺寸，再視實際商品大小，將格間飾條折成所需大小，再置入盒底座，放入商品，再蓋上盒蓋便可完成 (圖 6-26)。

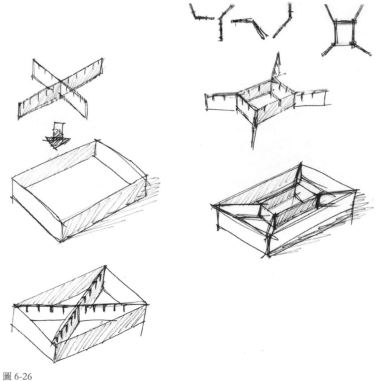

圖 6-26

❹ 由正方形切成的等腰直角三角形

可如拼圖式的上、下、左、右拼構，多種拼法，愛怎麼拼就怎麼拼 (圖 6-27)。

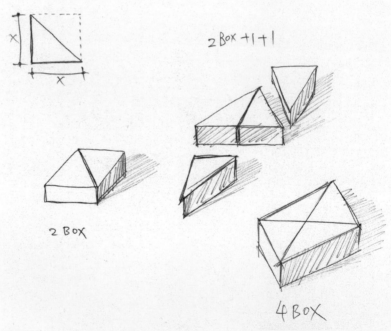

圖 6-27

❺ 蛇腹型式結構

可將蛇腹直徑做成圓型或方型，直徑大小也可有多種選擇，
而長度可依需要自行裁切，可以繞成圓型使用，一種型多重
變化 (圖 6-28)。

圖 6-28

這是一個從想要到需要概念形成的假設演釋，常常聽到「腦內風暴」到底要怎麼暴，常說不出一個所以然，而這個開發預想的例子，是從「想要」的抽象需求，一步一步的找到可發展的點，最後再用「需要」的現實條件，去選擇可行的設計方案而執行落地過程，如此一來，就可以善用前面提到的各種材料載體、版式及後加工藝，一種商業案子的形成就是如此。

｜ 具有情感的紙 ｜

　　手上這本「美的曙光」被翻得有點皺，時間久了有點黃，再次翻開還可以聞到一點點油墨的味道，翻閱時紙張的摩擦聲，頓時感覺到安心，因為內心尚留存一絲絲的人性，這簡單的過程中已有手感、嗅覺、視覺、聽覺、心感及感知 (圖 6-29)。

美的曙光

蔣勳

有鹿

圖 6-29

隨書附贈的紙立牌，寫著「日出，是目前被發現的第一個漢字」，上面並復刻了「日出」圖字，讓讀者有如親臨真實般感受到它的存在 (圖 6-30)。這些都是透過紙本傳達給我們的體驗，生活中隨處可以見到紙，它的存在力量卻往往被忽略，不管數媒發展已塞滿我們的生活，但紙的手感是無法被取代的，它也是人們不能失去的一項文明。

圖 6-30

圖 6-31

　　目前最小的設計載體可能是郵票吧！它又被稱為國家的名片，世界各國都善用優秀的設計師來為自己的國家設計郵票，要在這方寸之間傳達很多訊息是不容易的，近年各國無不竭盡所能在這張薄薄的小紙片上壓擠出一些新花樣。

　　一套英國 2001 年發行的「諾貝爾獎紀念郵票」，其中一枚「國際和平日」是以鴿子為元素（圖 6-31），設計師要傳達的不是鴿子的意象，而是鴿子嘴上啣著富生命意義的「桂冠葉」，表現手法上把鴿子虛化並用打凸的方式讓畫面尋求一個突出的平衡。我有興趣的是，在 70 磅的薄紙上打凸後，再經過郵遞過程的壓擠，為什麼依舊如此立體？

事實是他們辦到了，據我所知，此套郵票的印製還不是英國本地印製，是其他國家幫英國印製。世界之大，強國背後還隱藏著另一個強國，好設計更要有好的後製配套才能完美，內行都會知道，最後祕密是在那枚郵票紙上。

　　精湛工藝增添紙張表情。設計上最常見的紙上工夫算是「打凸」吧！一般常見打凸的工藝是做一塊鋅版，從正面加壓就是打凹，從背面加壓就是打凸，它呈現出來的，是平面式的凹凸，只能看到一個形體的外輪廓，其原理是用鋅版加壓底部，用一毛氈承受鋅版的壓力，因鋅版有一定的厚度，所以在紙上的凹凸只能有一定的厚度。打凸機器其實就是燙金機，只是沒放上金箔而已。

　　另外有一種工藝稱為立體打凸，需要雕刻一套陰陽模具，再行上下打凹 (凸) 的加工，此時選「紙」就成為關鍵，紙的纖維長短是造就立體效果好壞之關鍵。歐普設計公司的簡介封面 (圖 6-32)，沒有印刷，直接選擇美國 NEENAH- 自然美白系列 216p 的厚卡，只將 Logo 打凸，信封也選擇同款 118p 的薄紙打凸，兩者的立體效果差很多 (圖 6-33)。

圖 6-32

圖 6-33

歐普公司曾設計了一款 12 星座郵票及首日封，在首日封上也採用雕刻打凸法，將 12 星座造型壓印在一般模造紙上進行雕刻打凸 (圖 6-34) 及同一個雕刻模打凸在厚磅的海報紙上，工藝相當精湛，效果非常立體 (圖 6-35)，都產生如浮雕式的立體感，同一個雕刻模具打在不同厚薄紙上，相對在壓力上需要調整，才能有完美的結果。

圖 6-34

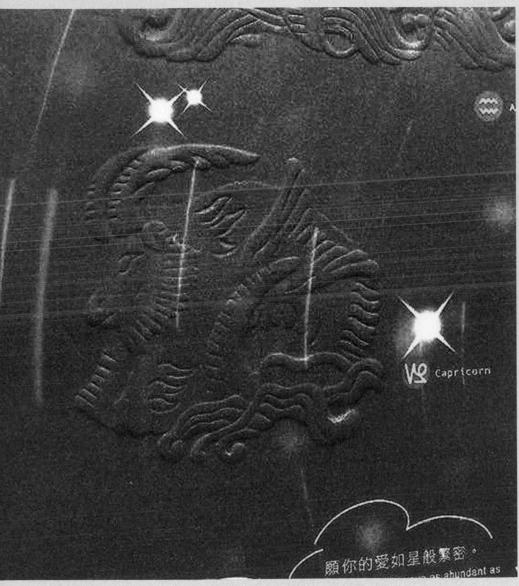

圖 6-35

數位趨勢的興起，傳統紙業是否會被淘汰？當時曾有人預言，紙業將興起一波革命，時間過去了，紙，不但沒有在地球上消失，反而正往「精緻」及「實用」兩端發展得更穩健。數位科技雖然迅速便捷，但它少了情感上的溫度，而紙張被大量使用於閱讀載體上，透過手感傳導加上視覺的刺激，能給我們真正「質」的感觸，這是數位科技暫時無法提供的觸動。

　　設計人若難以創造趨勢，至少得瞭解趨勢。好設計最終還是需要透過紙的媒介傳播出去，紙是設計人最忠實的朋友，如不了解她，如何善用她最美的一面？

｜ 因為你了解，所以可以這樣玩包裝 ｜

很多人小時候喜歡吃乖乖，是為了包裝內的小玩具，而乖乖附贈食玩的行銷手法，也推行他的姊妹品「孔雀香酥脆」。在二十幾年前我接受乖乖公司的設計委託案，通常客戶耍改新包裝，目的不外乎是想再刺激一下市場，如單純的接案，就從當時的視覺流行語彙中去找靈感，很多設計師現在好像也是用這樣的手法在設計包裝，反正一個包裝的壽命大約半年，想太遠客戶也看不到，有時也不想要。

但我對「孔雀香酥脆」的包裝是動了真感情在設計，首先，建議客戶不要再送小食玩，小時候常常吃乖乖，也常常打開包裝又慘見到雷同的小食玩，一點都沒有隱藏版的驚喜跟樂趣，小小的心靈總伴隨小小的受傷，常常躲在甘仔店的角落，偷偷在壓摸包裝內的小玩意是否有已經有了，這行為實在很不乖。

小玩意不送，不如直接把小朋友對「孔雀香酥脆」食與玩的印象，直接印在包裝上，就用四格漫畫當做包裝的視覺元素，順搭當時的一些有趣話題，目的是要化暗為明，而四格漫畫可不斷地跟有趣的話題結合，因為了解積層軟袋印製材料及印刷版材的特性，掌握了印製量的耗損極限，所以在印製每批新包材時需重新製版，因此在不會增加成本的前提下提出此方案，這樣這個包裝就永遠不會老。2013 年 4 月 21 日在捷運上看到這則廣告，發現已由當時的黑白漫畫升級為彩色漫畫，而漫畫的內容也不知出過多少個版本了（圖 6-36）。

　　這個包裝設計現在看起來很俗，上不了什麼大場面，差不多跟小時候的藍白拖鞋一樣土，但是它是一個有機的包裝設計案例，三十年過去了，這包裝策略一直沒更動。

圖 6-36

CASE
13

| 幸福的設計 |

繼樂活 (Lohas) 概念後，「幸福設計」是當下最新的設計概念，大多是在談商品設計，幾乎沒有人提及任何平面設計案例。然而，平面設計的創意概念通常先於產品設計展開之前，為何市場一面倒去討論商品設計？嗯。有點意思。

幸福是一種無法形容，有感覺而說不出口的 Fu⋯

情侶吵到最高點，吵到失去理智，吵到你死我活，最後某方痛下毒手，另一方心碎嘶吼「痛死我了」。請問有多痛？痛是什麼感覺？痛是什麼模樣？可以拿出來瞧瞧嗎？難就難在，「痛」沒有圖為證。

幸福如同「痛」一樣難言，往往越難言的事，越會深深植入人心。幸福的事會一直回憶，隨著記憶老化而甜美褪去，或許到最後都記不起過往幸福事，但一定會與對方相視微笑。相反地，苦的事，即使記憶力再好，也不願想起那一丁點兒。不是逃避，只是不如幸福滋味那麼地雋永，痛過後很快就被潛意識打入十八層，若要一層一層翻出來回憶，不是件容易的事。

平面的設計創作如何帶來幸福感，是個挑戰。坊間談到的幸福感大多來自 3D 立體化的商品，具有長、寬、高實際體積；使用接觸時，可以實體觸摸質感。由觸摸傳回來的心理感受很具體，使用者可以藉由言語具體地描述或表現出個人的感受。但是，平面作品只有 2D，在實體接觸及感受上相對地顯得薄弱 (圖 6-37)。

461

圖 6-37

如何在平面作品上創作出幸福感？主題！主題絕對是主要的因素。有些主題很商業化，要在這個基礎上做設計比較辛苦。然而，透過文化創意型態的作品，較容易傳達出幸福感，在設計手法或是材料的選用上做轉換，很快就可營造出那份幸福感。在幸福感的氛圍上，大多偏向感性訴求的表現手法。

「無印良品 MUJI」的商業平面作品就是在販賣一種感覺，它的平面設計物上所要傳達是品牌的理念、對於生活態度的提示 (圖 6-38 MUJI：「感覺美好生活」的定義)。在這樣的主張上，商品的出現反而顯得次要，這種概念很容易營造幸福感。

圖 6-38

幸福感是很因人而異的一種詮釋，也因為幸福感的傳播很抽象，它可以放大到完全臣服於該品牌所有商品所帶來的感受，也可能什麼也不是。當臣服於它時，它所販售的任何商品都會被這股幸福感而感染；反之，感受不到幸福感，販售再好再合理的價錢，一件商品也不會被看上。

談到幸福，台灣最讓人耳熟能詳的就是「小確幸」了。「小確幸」一詞出自村上春樹的隨記，說的是微小而稍縱即逝的美好與幸福。這三個字意境挺美好而實際、不華麗、隨手可得，可以把「小確幸」的幸福感植入包裝設計嗎？

"感觉美好生活" 的定义。

就好像每天使用的饮食器具，不能只注重简单易用，
还要考虑如何为生活带来松弛，成为舒适的"背景"。
我们在不断思考的过程中对形状进行构想。
与人们一起度过漫长时间的木制家具也不单单只考虑耐久性，
在选材时还会考虑到其随着岁月的变迁所产生的韵味。
无印良品大约7000件的产品就是像这样一次又一次地
寻找自己的答案，一点一滴地作出改进。
无印良品认为，产品就是要满足用户的需求，使其更加轻松。463
这样才能够带来"感觉美好生活"。

商品的幸福感就不用說了，每個人的滿足點都不同，但包材容器相對比較客觀，生活中隨手一杯熱咖啡已算是一種習慣，而熱咖啡一定不自覺隨手要拿一個紙杯套來搭配，這個 Fu 不好說出什麼原因，但確實目前還沒有什麼物件可以取代它。

市面上有些熱食商品的包裝，會貼心的在包材上解決燙手的問題，常見的是把湯杯外加一層波浪紙板，或是把杯子結構加厚以防止燙手，此案例是在杯麵外緣做防燙淋膜特殊處理，觸感記憶，直達心底 (圖 6-39)，另一種方式是在杯子的外面噴植一層低密度的泡棉，泡棉上再用凸版水印彩圖，低密度的泡棉層功能是可以隔熱防燙手，使消費者感覺到是良善的設計，這是包材供應鏈的升級，它並非創新包裝材料中 PU 泡棉、保利龍等，都可保冷保熱，以前是被用在工業包裝，現被改良移至商業包裝，設計師必需重新學習如何去發揮它的優點，這是是材料工程帶來的設計新思維。

圖 6-39

464

CASE
14

平面設計也有踢腳板？

　　室內設計的踢腳板，在平面設計扮演啥角色？踢腳板，又稱腳踢板或地腳線，是室內設計常見的飾板，其目的是將垂直的牆面與水平的地板做銜接的過場處理，不僅用於收繕與修飾兩個介面的交接處，更是一個重要構造點。

　　別小看踢腳板，它的形式顏色材質，都是學問，除了裝飾美觀之外，更重要的是保護並遮蓋地面與牆面的接縫，使牆體與地面的結合更為牢固。細膩一點的裝潢，在天花板與牆面間的兩個空間，也是靠著踢腳板（此處稱牆面飾板）來過場。

　　這個踢腳板的功能，同樣可將其概念延伸應用於平面或包裝視覺設計。包裝是立體的設計品，如能在兩個介面或獨立訊息面的邊界過場之處，融入踢腳板的小技巧，這樣細膩的處理手法肯定會加分，在包裝中心偏上的這條水平色帶，緩衝了兩個介面的訊息（圖6-40）。

圖 6-40

圖 6-41

眼球在追蹤一個平面上的視覺訊息,會很順
暢地以水平或垂直的方向移動,突然的另一個平
面(空間)的出現,如沒有踩剎車的機制,可能會
交互影響後產生錯視。

　　一個商業設計,每個環節都是有限的價值,
若沒處理好,包裝所要傳達的訊息無法正確順暢
傳播,便失去了設計的功能,這踢腳板正可視為
包裝每一個面的過場機制,包裝底座的收邊色帶
(綠/橘),用以銜接過場盒蓋與底座(圖 6-41)。

圖 6-42

　　至於包裝上常用的色帶或飄帶，都可定義為視覺上的踢腳板嗎？如下圖 6-42 刀模邊緣的收善，提亮包裝的兩個介面層次，包裝上的英文 Dove 下的飄帶，具有視覺終止與穩定的功能，宛如踢腳板的完美收善（圖 6-43）？那倒不一定。對於視覺上太多裝飾元素、或是少一條多一條都無所謂的設計物件，不在我們討論範疇當中，如果這個「踢腳板」的設計具有不可或缺的「配角」地位，那就有其功能存在。

圖 6-43

圖 6-44

　　中國文字有六書，即象形、指事、會意、形聲、轉注、假借，
設計原理不也同樣沿用這六書的概念嗎？將室內建築的「踢腳板」
轉注平面設計當中，也是「向物學」的道理，創意靈感來自於生活
的四面八方，許多事情自然能融會貫通，如下圖濕裱禮盒的上蓋收
邊以裝飾的飾條收繕包覆，一來銜接過場、二來加強保固禮盒收邊
轉折結構與加工工藝 (圖 6-44)。

　　設計物件是不是或有沒有「踢腳板」，其定義並不重要，重要
的是設計師在動手設計之前，必須先把所有元素都想清楚，明白自
己為什麼做這套設計方案，想要為這個商業產物解決什麼問題，這
才是最應該釐清的重點。不少設計師花時間在電腦上左挪右移、為
了表現自己的設計能力而加了線條、色塊、PS 技巧等不知所云的
元素，似乎成了一種設計趨勢。恰如其分與穠纖合度的設計作品，
宛如天邊一道彩虹，可望而不可及。是設計教育問題？還是個人品
味差距？抑或市場所趨？

｜ 香水瓶的靈感 ｜

　　香水遠從古埃及時代就有了。香水技術最早從 14 世紀傳到歐洲，在文藝復興時期主要是給貴族和富人用來遮蓋如廁後所產生的味道，後來才傳遍世界各地。電影「香水」描述一位嗅覺異常靈敏的天才 Grenouille，為了追尋世上最完美的香味而不惜殺人的旅程，最後旁白說道：「他們感到無比的幸福，因為他們知道自己為了純粹的愛去愛。」

　　日常生活中與香水的關係也算密切，如廁後噴兩下除味或是約會前來點增加賀爾蒙也好，擦香水算是一種社交禮節。有些香味使人迷茫，有些使人嫌惡，這些感覺都來自於個人經驗的轉換。工作之餘也很喜歡香水，尤其是香水的包裝及瓶子，香水能使人著迷，它的瓶子（包裝）扮演著很重要的角色。能將香水（液體）透過瓶子展現無比的魅力，有時會因為喜歡瓶子而收藏，因為它是將無形的香水幻化為有型的最好代表。厚底香水瓶拿在手裡沈甸甸的，設計工藝的美妙盡在不言中，也能給工作帶來一些靈感與刺激（圖 6-45）。

圖 6-45

最愛不釋手的就是香水試紙了，多年來的收集習慣從不間斷，宛如職業病。聞香試紙已由平面的紙張幻化成為各式各樣的聞香材料，可以研究印製工藝、材質、結構等，從中發現創意的美妙之處。整個香水產業發展的過程中，香水的功能一直沒有改變，改變的是時間、空間和詮釋香水的外包裝及聞香材料。

　　相信許多讀者對於香水試紙的印象，依舊停留在免稅店制式的條狀試紙，下次經過百貨專櫃或機場免稅店，稍微放慢腳步注意一下，或許會發現出其不意的小驚喜，下圖這些都是香水試紙，顛覆想像了嗎？（圖 6-46）。收集香水試紙，是一項特殊癖好，帶來滿足感，抽屜滿滿的香水試紙，是十多年來的戰利品，從中發現很多新材質，對設計新啟發（圖 6-47）。如同電影香水最後一句台詞：「他們感到無比的幸福，因為他們知道自己為了純粹的愛去愛。」

圖 6-46

圖 6-47

473

CASE 16 | 郵票及郵品的誕生 |

　　長期以來，各式各樣的集郵講座，都是圍繞在郵集方面的專業新知或是專題介紹，從設計的角度來談郵票，或許不是首例，但稱少數，因為一套郵票的誕生，需要太多專業才能順利發行，郵迷們才能看到並且衍生出無限的郵品。每個專業環節都是一門學問，例如：硬體上就有郵票紙、印刷技術、製版技術、複合媒材、齒孔、油墨等，而軟體上如郵票主題、人文精神、美學涵養、表現技法、設計技能等。

　　在硬體方面會隨著科技發展及工業的進步而獲得良好的成果，往往難就難在軟體方面的提升，這不是一個人或是設計師個人可以完成的，而其中尤以「郵票主題」這個課題最為敏感且無解。雖然上述的軟體內容，多半是主觀式的個人看法，但一個專業稱職的設計師，是可以用較科學且具學理的方法來說明，唯獨「郵票主題」面對的是政令宣導、國家政策及建設、國際潮流趨勢、還有商業價值等，各自站在自己的角色來看主題，在眾多的主觀中要達成共識，難度確實很高。

　　一個好主題的產生，大多是發行量的保證；然而有共識的主題難求，今天有幸來此與各位專家郵迷們聊一些有趣的主題，同時分享如何用設計的手法來完成這套郵票的過程。

　　我不是集郵專家，我喜歡郵票。小學四、五年級時候常為了收集一張郵票而盯著郵差叔叔瞧，看他將信件放在哪家的信箱內，這樣我就有目標可以去向那家人要郵票了，當然有時要到有時失望，但要到後的滿足感大於我的失落，有了這樣的體驗，對我來講已是足夠了。

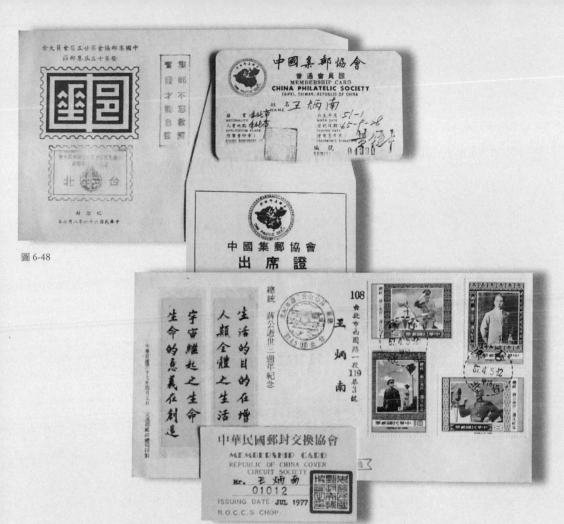

圖 6-48

圖 6-49

收集到的都是銷過郵戳的舊郵票，郵戳蓋個歪七扭八，圖案盡是一些「莊敬自強」、「國旗飄揚」的畫面，日復一日要到的盡是一樣的圖案，實在很難讓人有勁去再盯著郵差叔叔了，於是自己開始畫郵票圖案，為求逼真效果，拿去用裁縫機車孔來代替齒孔。就這樣在潛意識中，渴望一些美的圖案，但始終鮮少被我看上的，如有看上眼的，我也沒錢買整套，就這樣斷斷續續地集集停停……。

上了國中慢慢感到集郵也要有知識的，於是存錢去參加集郵協會（圖 6-48），觀摩觀摩依樣畫葫蘆，貼貼寄寄，東奔西跑銷銷郵戳，蓋蓋癸章，就這樣又玩了一陣子，又去加入組織（圖 6-49），但始終都沒有成果，後來了解我只是單純的喜歡愛看美的郵票，並沒有專家的特質，終於退出了集郵行列。

有了小時侯的集郵體驗，讓我更敏感地去看「郵票主題」這件事，在體制外郵迷們只能選擇喜歡與不喜歡，沒有其他的選項。在 1993 年底，一通郵政總局的電話邀約，把我從愛郵者變成了設計者，小時候自己做主畫一些自己喜歡的郵票，現在終於可以玩真的，我親手設計的第一套郵票是「國際奧林匹克委員會成立百週年紀念」於 1994 年 6 月 23 日發行 (圖 6-50)。

　　這套郵票主題是由郵政總局指定設計案，對我而言等於是入行的資格考，指定主題設計其實反而單純，只要顧好主題內容全力以赴完成就好，而在設計手法上只要能表現出主題特色，並將所需的訊息合理安排在小小的方寸之內就行，接著就順利發行面市，往後幾年陸陸續續設計了一些總局指定的主題。

　　我定期購買國外的郵品做為參考資料，學概念、學工藝，幾年下來累積了不少有關郵票的硬體專業知識。在一次偶然的機會下，我向郵政當局提了一些想法與國外郵票主題的潮流，回頭我就把想法畫出來，一個好的主題如能附加上新穎的設計手法，宛有畫龍點睛之效，而這新穎的設計手法，又不能因設計而設計，必須與主題有關並契合，在 1998 年我提出「千禧年」這個世紀性主題，開啟了我去思考，由指定主題的被動設計師，轉換成主動提出「話題性」的設計工作。

圖 6-50

創意設計人的特質，就是不斷地去挑戰不可能，但創意人又往往都是體制內的壞學生，有了這樣的平衡，才能激發出一些火花；但也不能只談創意而失去了生意，趁勢又提出了「二十四節氣」，是繼二十四孝以來最長的一套郵票，全套接起來共計 86.4 公分，而最後一枚再與第一枚接起來，呈連續循環狀，畫面背景的山景變換，宛如四季風景，真正呼應了二十四節氣之主題 (圖 6-51)。

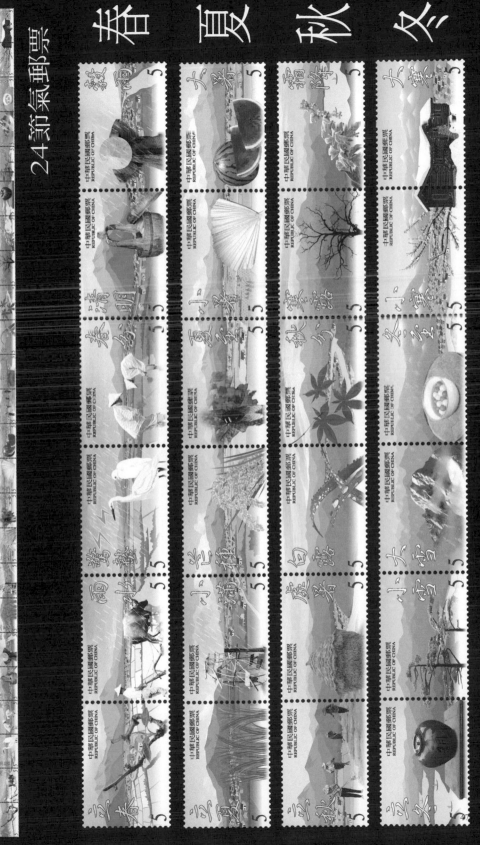

圖 6-51

接著就挑戰硬體的可行性，於 2001 年 2 月 14 日情人節那天發行的「星座郵票」(圖 6-52)，是第一套非直線的異型齒孔 (橢圓型齒孔)，把郵票長期來的「規矩」又做了一次「柔性」的變化，再來就是當年 12 月的第一套個人化郵票「祝福郵票」(圖 6-53)，這套郵票的誕生不容易，需克服的軟硬體問題很多，能順利推出，要感謝郵政當局的全力協助。

　　2002 年發行的「臺灣民俗活動」，又回到「規矩」了，而改以正方型，且郵幅越來越小，以因應用郵者信封越趨小型化。

圖 6-52

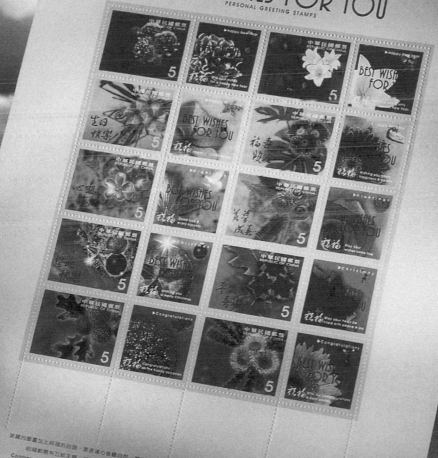

圖 6-53

▎ 郵票的設計過程 ▎

　　科技與人文的結合。一路的提案設計，慢慢創造出一些主題，也掌控了時代性的議題，如臺北捷運、臺灣山岳、個人化結緣郵票、台灣溫泉、臺灣老火車站、臺灣茶藝、個人化花語郵票、臺灣風景、臺灣橋梁、故宮文物等，這些主題除了我國科技方面的展現，也包含了台灣本土的人文在裏頭，其中值得一提的是「帝雉郵票」（圖 6-54），這枚 50x35mm 的尺寸算是大票幅的一枚，是因為要採用如鈔票等級的「雕刻凹版套印平凹版」的印製技術，需放大票幅才能展現其藝術性，雖然票幅放大，但這 小的一張紙質要來回壓印七八次，並在上面過水印墨實屬不易，這枚「帝雉郵票」的印製工藝也算是世界級的收藏品。

　　再來跟大家分享的是 2011 元旦當天發行的「慶典煙火郵票小全張」（圖 6-55）。這套郵票發行前，有一個淒美的故事，在約五年前我就提出這個主題，當初提出是以「花火」為名，光這主題就躺了一兩年，從各種資料的收集，提出不下十幾種設計擬樣，經手過三位科長，也因 101 的跨年煙火，日受重視，我不死心地向每位新上任的科長都重提一次，真感謝各科長都支持我的阿 Q 精神，才能從冰冷的檔案櫃中再被翻出來，而研發加上護照級的「光影變化薄膜」印製工藝，今天才能與各位見面，並榮獲「101 年郵票選美活動」票選結果第一名。

煙火郵票
動態影片

臺灣 TAIWAN

Syrmaticus mikado 帝雉

圖 6-54

慶典煙火 郵票

5
5
25
25

中華民國郵票 REPUBLIC OF CHINA (TAIWAN)
中華民國郵票 REPUBLIC OF CHINA (TAIWAN)
中華民國郵 REPUBLIC OF CHINA (TAIWAN)
中華民國郵 票 REPUBLIC OF CHINA (TAIWAN)

01AA6588

中華郵政股份有限公司 發行

圖 6-55

483

一枚美麗郵票的誕生，設計需要有一個完整且精準的過程，在過程中每一個環節的決定都會影響到下一個結果。有人是很好的設計師，但離開了一個講過程的組織，他的成就並不一定會一直保持在求好做對的狀況。

　　郵票設計更是如此，要求先「做對」才來「做好」，設計工作之前，首先是由企劃人員整理相關訊息資料，再企劃成文字並召集設計人員說明內容主題，設計人員開始進行設計作業；在草稿的討論過程，企劃及總監人員，將以先「做對」才來「做好」的原則來審視所有的草稿 (圖 6-56)，從中篩選出符合企劃主題並有創意的點子來進行精繪稿，其中有經驗的資深人員，再加入一些美學或是材料技術等，來強化其完整度。

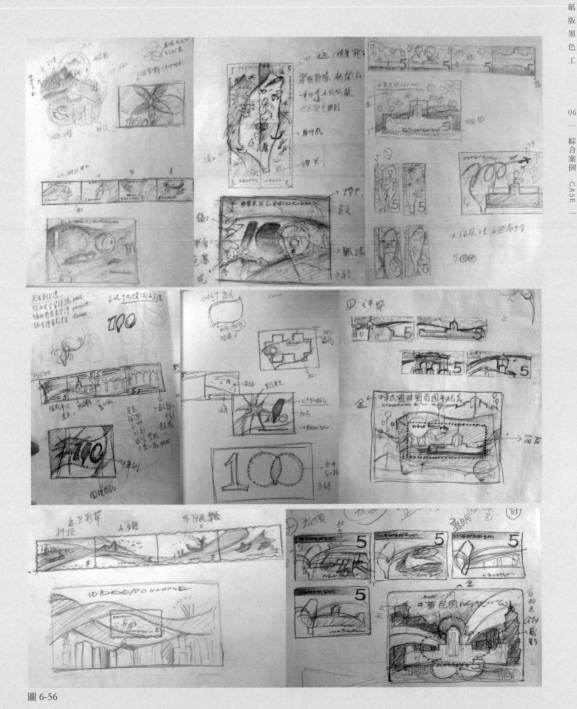

圖 6-56

進行精繪稿的過程中一定會衍生很多技術問題，例如：圖像版權問題、稿子與印刷硬體間的技術問題、色彩色像的問題、文化意象的元素應用問題等，並且要考慮到未來高檔完稿時的專業問題。在精繪稿的過程中，總監人員需多次去細看每個環節，並下達精準的指令。

　　起初歐普設計團隊參與「中華民國建國100年紀念」的設計提案，提出設計方案之前，我們在內部就是採用這完整且精準的過程，最後送賽的設計擬樣 (圖 6-57)，入選後才開始再做一次求「做對」的事，因為這套主題太敏感了，在郵票部份第四枚的右上角，原先提案的是上海世博「台灣館」(圖 6-58)，後來修改加入我國航太科技 (圖 6-59)，而在小全張的畫面由原來提的國旗圖案修改加入總統府及國父、玉山等，而齒孔也由雙十變成 100 的型狀 (圖 6-60)，終於在求「做對」求「做好」的共識下完成。

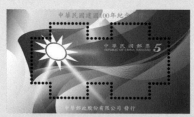

圖 6-57

票幅尺寸：W4 x H3 cm（單枚）

圖 6-58

票幅尺寸：W4 x H3 cm（單枚）

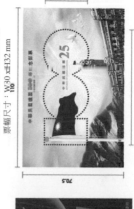

版幅尺寸：W110 x H70.5 mm
票幅尺寸：W30 x H132 mm

版幅尺寸：W13 x H6 cm
票幅尺寸：W7.8 x H3.1 cm

版幅尺寸：W10 x H10 cm
票幅尺寸：W7.8 x H3.1 cm

圖 6-59

圖 6-61

再來就是例行的行政流程，接著就是量產前的工作。首先，設計師會看到此套郵票的印刷打樣，在看打樣時是用 50 倍的放大鏡在檢查，並由設計人員會同資深人員一一記下有疑慮的地方，再交回印刷單位改善，打樣次數無上限，一切以「做好」為原則，再交由局方的工作人員依程序上呈（圖 6-61），最後如期順利發行（圖 6-62），並舉行郵票發行典禮（圖 6-63）。

圖 6-62

圖 6-63

489

衍生郵品是豐富郵票生命的催化劑。一套郵票的發行，將會有一些衍生性郵品的發行。除了官方的發行郵品，很多民間集郵人士及郵商，也會相續投入郵品的開發。這些互動行為不外乎是「延長郵票的壽命」、「提升郵票的紀念價值」、「豐富郵迷典藏」、「推廣郵票文化」等。郵品的設計較偏向商業設計範疇，需加入對市場的敏感度及各種媒介載體的善用，例如：單純的「國花郵票」在全張的排版上，將郵票排成雙十的畫面，這個切題的設計再加上外紙套，馬上就產生搶購的熱潮 (圖 6-64)。

　　在郵品或郵摺、郵冊中的設計，附了主題郵票以外，若要吸引一般民眾的注意，就必需有新意，所以常要創新再創新。「慶典煙火郵票小全張」的紀念郵摺內就附加了一片「光影變化薄膜」，用以介紹其特殊的印製工藝，以增加珍藏的豐富性 (圖 6-65)。

圖 6-64

圖 6-65

官方發行的郵品不只有紙品，有些大眾化生活性題材
的郵票主題而衍生出來的郵品，則會偏向日常用品的器物
去規劃 (圖 6-66)。近年來中華郵政公司所推出的郵政商品
也越來越多元，這一些有趣又好的郵品，背後都是仰賴一
個好的「主題」所支撐。

圖 6-66

493

精算過頭的設計費，恐怕不太精明！

　　某天，某客戶說要把他進口商品的外箱 (有人稱彩盒、有人說外箱，正確名是 Carton 瓦楞紙箱)，設計得很有高級感。其實怎麼設計都可以，至於高不高級，是個人主觀，很難判定；但我們必須要先理解的是：「包材供應商可以提供什麼樣的技術支援？客戶是否有為這所謂的「高級感」準備付出高於現有包材成本的預算？一切就緒後，是否會與各地的環保法抵觸？」最後再來考慮為了「高級感」表現所增加的成本，消費者是否買單。

　　一般客戶會把瓦楞箱當做是物流的包材，在設計工作的報價中，此項目往往被客戶刪掉，也不知是客戶內部自己做，還是交由瓦楞紙箱供應廠美工一下。一個商品在沒被消費者使用之前，第一層包裝是瓦楞箱，第二層包裝才是具有銷售性質的單品包，在物流過程中誰都不知道實際商品包裝長啥樣。

　　而現在很多賣場就直接把商品堆箱堆箱的販售，應用一些現在柔版的印製技術，過網底紋來增加紙箱的豐富性，圖 6-67 是堆疊在賣場的貨架旁，整櫃落地堆箱倒是很抓眼球，旁邊正好冰櫃，不用再做 pop 也能把視界拉往冰櫃的商品，不遠處也陳列一些其他堆箱，個個都很用力設計，包裝也算所謂的高級感，但看多了沒Fu。

　　這只瓦楞箱採用最基本的「柔版 (凸版)」印刷，水性油墨，加大網點，在套印有移位 (技術誤差內，可被接受的)，遠看是有Fu 的，它不高級，但可看出設計師的功力。

這個瓦楞箱的包材成本沒增加，但大大提升了商品的好感度，更可能進一步刺激銷售，增加了消費者的記憶度，還可能會帶來再購買或再傳播，唯一增加的只有設計費。

精算的客戶，有時在設計費的報酬率上是精算過了頭……。

圖 6-67

好設計，要落地

附録
APPENDIX

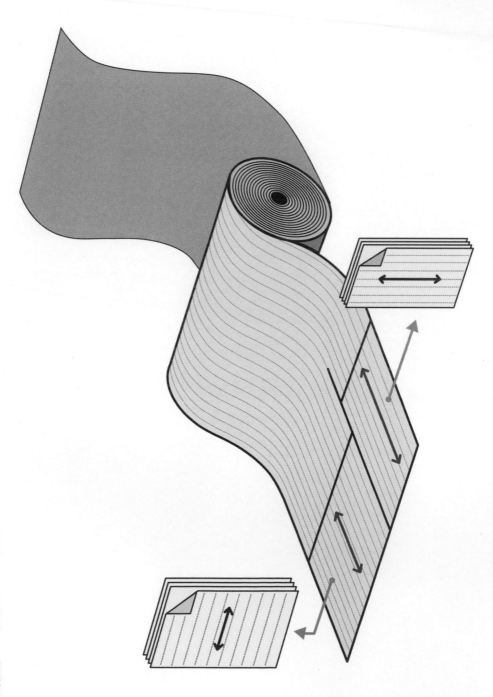

附錄 1：紙張絲流示意圖

附錄 2：環保回收標誌

環保標章

第二類
環保標章
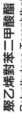

聚乙烯對苯二甲酸酯
Polyethylene Terephthalate
PET

高密度聚乙烯
High Density Polyethylene
HDPE

聚氯乙烯
Polyvinylchloride
PVC

低密度聚乙烯
Low Density Polyethylene
LDPE

聚丙烯
Pclypropylene
PP

聚苯乙烯
Polystyrene
PS

其他類
OTHER

回收標誌

A

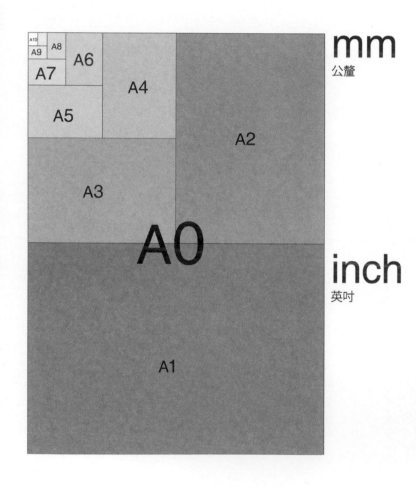

mm
公釐

A0	841 × 1189
A1	594 × 841
A2	420 × 594
A3	297 × 420
A4	210 × 297
A5	148 × 210
A6	105 × 148
A7	74 × 105
A8	52 × 74
A9	37 × 52
A10	26 × 37

inch
英吋

A0	33.11 × 46.81
A1	23.39 × 33.11
A2	16.54 × 23.39
A3	11.69 × 16.54
A4	8.27 × 11.69
A5	5.83 × 8.27
A6	4.13 × 5.83
A7	2.91 × 4.13
A8	2.05 × 2.91
A9	1.46 × 2.05
A10	1.02 × 1.46

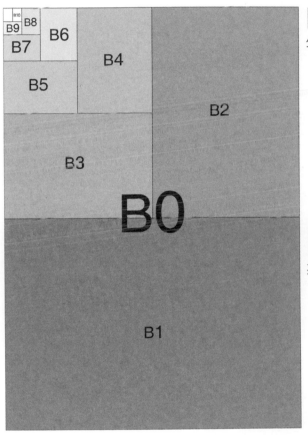

B

mm
公釐

	mm
B0	1000 × 1414
B1	707 × 1000
B2	500 × 707
B3	353 × 500
B4	250 × 353
B5	176 × 250
B6	125 × 176
B7	88 × 125
B8	62 × 88
B9	44 × 62
B10	31 × 44

inch
英吋

	inch
B0	39.37 × 55.67
B1	27.83 × 39.37
B2	19.69 × 27.83
B3	13.90 × 19.69
B4	9.84 × 13.90
B5	6.93 × 9.84
B6	4.92 × 6.93
B7	3.46 × 4.92
B8	2.44 × 3.46
B9	1.73 × 2.44
B10	1.22 × 1.73

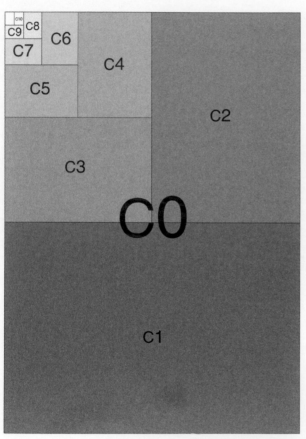

C6
C4
C5
C2
C3
C0
C1
C10
C9 C8
C7

mm
公釐

C

C0	917 × 1297
C1	648 × 917
C2	458 × 648
C3	324 × 458
C4	229 × 324
C5	162 × 229
C6	114 × 162
C7	81 × 114
C8	57 × 81
C9	40 × 57
C10	28 × 40

inch
英吋

C0	36.10 × 51.06
C1	25.51 × 36.10
C2	18.03 × 25.51
C3	12.76 × 18.03
C4	9.02 × 12.76
C5	6.38 × 9.02
C6	4.49 × 6.38
C7	3.19 × 4.49
C8	2.24 × 3.19
C9	1.57 × 2.24
C10	1.10 × 1.57

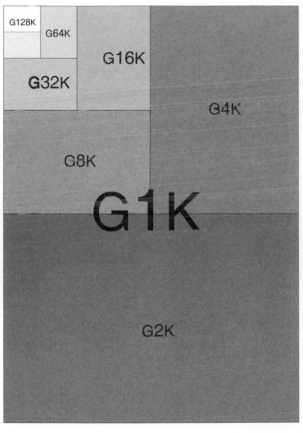

菊版

mm
公釐

G1K	876 × 622
G2K	622 × 438
G4K	438 × 311
G8K	311 × 219
G16K	219 × 155
G32K	155 × 109
G64K	109 × 78
G128K	78 × 54

inch
英吋

G1K	34.5 × 24.5
G2K	24.5 × 17.25
G4K	17.25 × 12.25
G8K	12.25 × 8.62
G16K	8.62 × 6.12
G32K	6.12 × 4.25
G64K	4.25 × 3.00
G128K	3.00 × 2.12

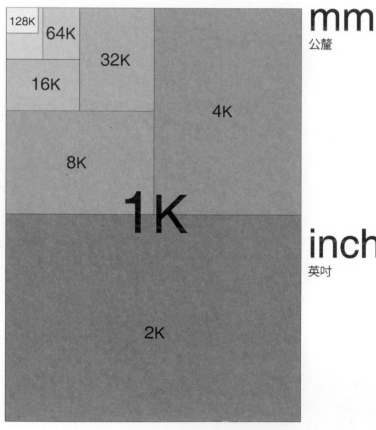

四六版

1K	1092 × 787
2K	787 × 546
4K	546 × 393
8K	393 × 273
16K	273 × 196
32K	196 × 136
64K	136 × 98
128K	98 × 68

mm
公釐

inch
英吋

G1K	43 × 31
G2K	31 × 21.25
G4K	21.25 × 15.5
G8K	15.5 × 10.75
G16K	10.75 × 7.75
G32K	7.75 × 5.37
G64K	5.37 × 3.87
G128K	3.87 × 2.62

附錄 8：紙張開數裁切表（A 系列）

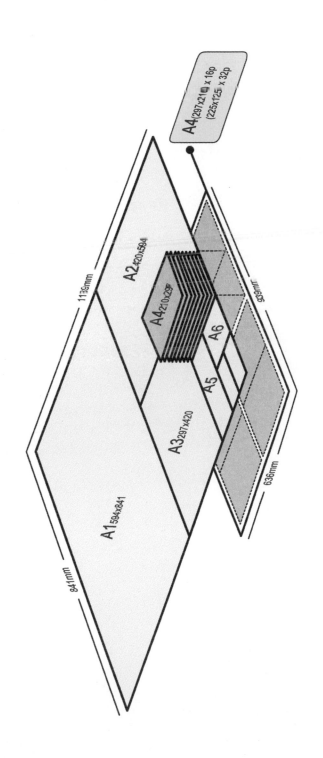

A4 (297x21 x 16p
(225x125 x 32p

A2 420x594

A4 210x297

A6

A5

A3 297x420

A1 594x841

1136mm

939mm

636mm

841mm

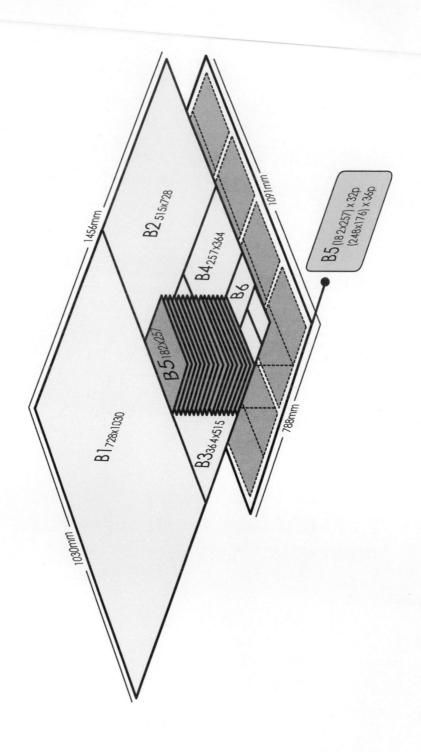

附錄 9：紙張開數裁切表（B 系列）

B1 728x1030
B2 515x728
B3 364x515
B4 257x364
B5 182x257
B6

1456mm
1030mm
1091mm
788mm

B5 (182x257) x 32p
(248x176) x 36p

附錄 10：紙張開數速見表

●紙張開數對應表

正度紙 四六版(B版) 78.7 × 109.2 公分 / 31 × 43 英吋 / 26 × 36 台寸

54.6	36.4	27.3	21.8	18.2	15.6	13.6	12.1	10.9	9.1	6.8
53	35.3	26.5	21.2	17.6	15.1	13.2	11.7	10.6	8.8	6.6
21¼	14⅜	10¾	8⅝	7⅛	6⅛	5⅜	4¾	4¼	3⅝	2⅝
20⅞	13⅞	10⅜	8⅜	7	6	5¼	4⅝	4⅛	3½	2½
18	12	9	7.2	6	5.1	4.5	4	3.6	3	2.3
17.5	11.7	8.8	7	5.8	5	4.4	3.9	3.5	2.9	2.2

公分	公分	英吋	英吋	台寸	台寸												台寸	台寸	英吋	英吋	公分	公分
78.7	75.8	31	29⅞	26	25	B2 2 A2	3	4 長	5	6	7	8	9	10	12	16	20.5	19.6	24½	23⅜	62.2	59.4
39.3	37.9	15½	14⅞	13	12.5	B3 4 A3	6 方	B4 8 A4	10	12	14	16	18	20	24	32	10.2	9.8	12¼	11¾	31.1	29.7
26.2	25.2	10¼	9⅞	8.6	8.3	6 長	9	12 方	15 方	18	21	24	27	30	36	48	6.8	6.5	8⅛	7¾	20.7	19.8
19.6	18.9	7¾	7⅜	6.5	6.3	8 長	12 長	B5 16 A5	20 方	24 方	28	B6 32 A6	36	40	48	64 長	5.1	4.9	6⅛	5⅞	15.5	14.8
15.7	15.1	6⅛	5⅞	5.2	5	10	15 長	20 長	25	30 方	35	40	45	50	60	80	4.1	3.9	4⅞	4⅝	12.4	11.8
13.1	12.6	5⅛	4⅞	4.3	4.2	12	18	24 長	30 長	36	42	48	54	60	72	96	3.4	3.2	4	3⅞	10.3	9.9
11.2	10.8	4⅜	4¼	3.7	3.6	14	21	28	35	42	49	56	63	70	84	112	2.9	2.8	3½	3	8.9	8.5
9.8	9.4	3⅞	3⅝	3.1	3.1	16	24	32 長	40	48	56	B7 64 A7	72	80	96	B8 128 A8	2.5	2.4	3	2⅞	7.8	7.4
8.7	8.4	3⅜	3¼	2.6	2.7	18	27	36	45	54	63	72	81	90	108	144	2.2	2.1	2¾	2½	6.9	6.6
7.8	7.5	3	2⅞	2.6	2.5	20	30	40	50	60	70	80	90	100	120	160	2	1.9	2½	2¼	6.2	5.9
6.5	6.3	2½	2¼	2.2	2.1	24	36	48	60	72	84	96	108	120	144	192	1.7	1.6	2	1⅞	5.1	4.9

14.4	9.6	7.2	5.7	4.8	4.1	3.6	3.2	2.8	2.4	1.8
13.8	9.2	6.9	5.5	4.6	3.9	3.4	3.1	2.7	2.3	1.7
17¼	11½	8⅝	6⅞	5¾	4⅞	4¼	3⅞	3⅜	2⅞	2⅛
16½	11	8¼	6⅝	5½	4¾	4⅛	3⅝	3¼	2¾	2
43.8	29.2	21.9	17.5	14.6	12.5	10.9	9.7	8.7	7.3	5.4
42	28	21	16.8	14	12	10.5	9.3	8.4	7	5.2

菊版(A版) 大度紙 62.2 × 87.6 公分 / 24½ × 34½ 英吋 / 台寸 20.5×28.9

■ 紙張基本尺寸

□ 紙張完成尺寸

▲ 使用開數說明

❶ 內框「2、8、16⋯」＝紙張開數

❷ 註記「B2、B3、B4⋯」＝四六版開數相近的國際標準數據

❸ 註記「A2、A3、A4⋯」＝菊版開數相近的國際標準數據

❹ 註記「長、方」＝開數習稱長開或方型的格式

❺「紙張基本尺寸」
＝未扣除印機咬口之裁修前尺寸

❻「印刷完成尺寸」
＝已扣除印機咬口之裁修後尺寸

印刷品重量換算公式

A. 印刷品重量估算

	長	寬		
印刷品尺寸(cm)：	15	20		
紙張數 (頁數/2)：	180			
建議紙張(g/m2)：	100		所得重量：	540
建議紙張(磅)：			所得重量：	0

B. 用紙量估算

	菊8開(A4)	菊16開(A5)	菊24開	菊32開	菊4開(A3)
頁數		0	180	0	0
份數 或 冊數		0	500	0	0
所需台數		0	4	0	0
所需用紙量/令	0.00	0.00	3.75	0.00	0.00
所需紙張加放損(5%)/令	0.00	0.00	3.94	0.00	0.00

印刷機紋損數每台約5%不等

設技學堂
DESIGN & TECHNIQUE TUTOR
本資料為「設技學堂」之資產分享，請勿做任何商業販售用途。

印刷品重量及用紙量換算公式 Excel

◆ 可上雲端下載「印刷品重量及用紙量換算公式 Excel 表」
http://www.chwa.com.tw/CHWAhlink.asp?hlId=39539

這套公式適用於紙本成冊的重量計算，不適用於包裝。說明如下：

鍵入→長、寬尺寸(cm)

鍵入→紙張數：總頁數除以 2 (因為雙面印刷)

鍵入→紙張重量：g/m² 或磅數(見紙樣標示)

如上操作就可換算印刷品重量

關於用紙量估算公式。說明如下：

在對應的開數鍵入→頁數

鍵入→總份數

得出所需印刷「台數」的同時，也顯示用紙張「令數」、以及加上耗損後所計算出的用紙張總令數

備註

台數：製版只能單面，不能正反雙面，必須將每個單面再拼版成雙面印刷。單面印刷的一套版，即算 1 台。意即，一本 A4 尺寸 16 頁開數的手冊，一張全開紙雙面印刷即可拼完整冊 16 頁，即為 2 台。若同樣尺寸 32 頁數，每一本需兩張全開紙印刷，即為 4 台。台數用以計算製版費用，後加工如果有覆膜或 UV 等工藝，也須計算台數加計版費。然而，燙金燙銀不計算台數，是以面積計算。

而書冊在裝釘摺頁時是以一張紙(雙面印刷)摺算為一台，例 A4 尺寸 16 頁為 1 台、32 頁數即為 2 台。

楞型		A flute (A楞)	B flute (B楞)	C flute (C楞)	E flute (E楞)
瓦楞紙厚度 (mm)		4.7±0.3	2.7±0.3	3.7±0.3	1.1～1.4
每30公分瓦楞數		34±2	50±2	40±2	85～97
平板物性	緩衝性	優	可	佳	-
	平面壓縮強度	可	優	佳	-
	垂直壓縮強度	優	可	佳	-
紙箱耐壓強度		優	可	優	-
特性		高而寬,富彈性,緩衝功能佳,耐壓強度高	低而密,耐平壓強度高,多層推疊效果較差	厚度介於AB之間	最薄,耐平壓強度最佳

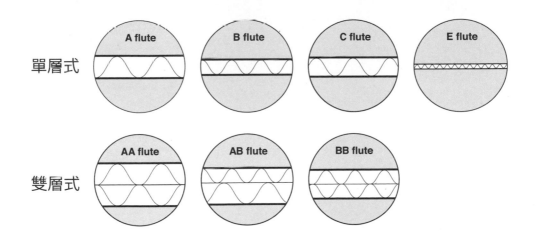

單層式　A flute　B flute　C flute　E flute

雙層式　AA flute　AB flute　BB flute

Tetra Pak 印刷規格表

項目		印刷方式			
		套色版	柔版	照相版	
最小線條寬度	實體線	0.3 mm	0.2 mm	0.1 mm	———
	反白線	0.5 mm	0.4 mm	0.2 mm	
最小單點	實體線	0.3 mm	0.3 mm	0.2 mm	•
	反白線	0.5 mm	0.5 mm	0.4 mm	
最小疊印區域		0.3 mm	0.2 mm	0.15mm	
兩條平行線間之最小距離		0.5 mm	0.5 mm	0.3 mm	
最多印刷顏色數		6			
最多印刷顏色數			6		
最多印刷顏色數				6	
條碼區域 條碼顏色請使用深色 (如：黑色、深藍色或深綠色，紅色及黃色無法判讀)	標準寬度	39mm	39mm	39mm	
	最小高度	16mm	16mm	16mm	
	最小寬度(竹離式)	90%	90%	100%	
	最小寬度(樓梯式)	140%	140%	140%	
文字與摺痕線之最小距離		2mm	2mm	2mm	
可印刷之最小網點		20%	13%	2%	
回收標誌之最小規範		10mm	10mm	10mm	
可印刷之最小文字(單色)	英文實體字	6pt	5pt	5pt	
	英文反白字(粗體字)	8pt	7pt	7pt	
	繁體中文實體字	8pt	8pt	6pt	
	繁體中文反白字(粗體字)	12pt	12pt	8pt	
原稿	所需檔案格式	Adobe Photoshop (包含圖層) Adobe Illustrator (包含文字外框)			
	打樣方式	特別輸出 + 特別色刷樣	數位樣 + 特別色刷樣		
	注意事項	特別色刷樣與實際生產會有些許色差，尤其是照相版印刷			

附錄 14：字體大小及線條粗細對照表

歐4pt

歐5pt

歐6pt

歐7pt

歐8pl

歐9pt

歐10pt

歐11pt

歐12pt

歐13pt

歐14pt

歐15pt

歐16pt

歐17pt

歐18pt

歐19pt

歐20pt

歐21pt

歐22pt

歐23pt

歐24pt

歐25pt

歐26pt

歐27pt

歐28pt

歐29pt

歐30pt

歐31pt

歐32pt

歐33pt

歐34pt

歐35pt

歐36pt

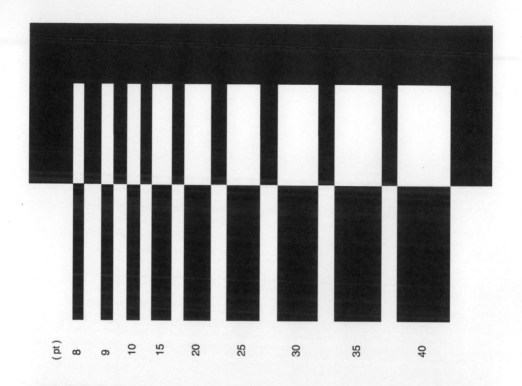

(pt) 8 9 10 15 20 25 30 35 40

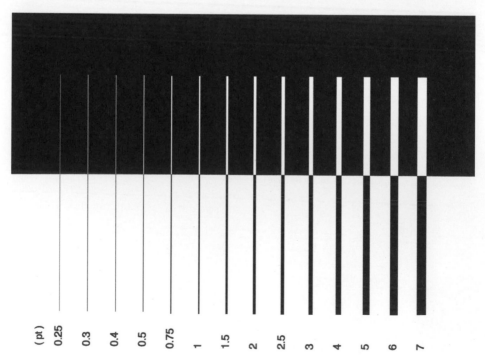

(pt) 0.25 0.3 0.4 0.5 0.75 1 1.5 2 2.5 3 4 5 6 7

512

附錄 15：各種油墨特性與用途比較表

乾燥類型 ＼ 印版類型	平版	凸版	凹版	孔版	數位印刷
氧化結膜乾燥	單張紙平印油墨		有價證券雕刻凹版油墨	絲網版印刷油墨	
滲透乾燥	報業輪轉平印油墨	柔性版水基油墨		絲綢版印刷油墨	
揮發乾燥		柔性版溶劑型油墨	電子雕刻凹版溶劑型油墨	絲綢版塑膠印刷油墨	大型廣告噴繪油墨
UV 固化乾燥	單張紙平印油墨 輪轉平印油墨	柔性版紫外固化油墨		絲綢紫外固化油墨	紫外噴墨印刷油墨
紅外熱固化乾燥	商業輪轉印刷油墨				靜電墨粉印刷油墨

附錄 16：完稿燒錄光碟確認檢核單

工作號碼		工作名稱		
Artwork Checklist				**CD-ROM**

Artwork Checklist

- ☐ 尺寸　　x　　x　　(cm)
- ☐ 裁切線
- ☐ 刀模線
- ☐ 滿版出血 (勿少於 0.5 cm)
- ☐ 影像圖檔置入　　圖
- ☐ 圖檔平面化
- ☐ 轉成 CMYK

- ☐ 特別色　　色
- ☐ 文字轉曲線
- ☐ 10pt 以下黑字直壓
- ☐ 1p 以下黑線直壓
- ☐ 改字版
- ☐ 改圖版
- ☐ 條碼確認

CD-ROM

- ☐ 資料夾建立可辨識檔名
- ☐ 完稿檔
- ☐ 影像圖檔　　圖
- ☐ 字型 / jpg 附件
- ☐ 列印附樣
- ☐ 檔案開啟確認簽名 _____

設計者簽名_____　　日期_____

完稿小叮嚀

完稿檔圖層標示：
1. info (公司信息)
2. cut (刀模)
3. print (文字及影像)
4. 如有特殊印刷需另外標示圖層 (ex. 燙金、燙雷射、舖白等等另作黑板)

完稿與檢查完稿檔注意事項：
1. 文字、筆畫轉外框
2. 色彩模式 CMYK
3. 顏色數值以 5 或 10 為單位
4. 影像連結
5. 特別色

完稿影像檔
1. 圖層合併
2. 色彩模式 CMYK
3. 300 dpi (大圖或燈箱可 120-150dpi)

設技學堂
https://www.facebook.com/designtutorup

王炳南的包裝檔案
https://www.facebook.com/BEN.upman

歐普官網
http://www.upcreate.com.tw/

南道不知道
https://www.facebook.com/Nabrowang

包裝設群
https://www.facebook.com/groups/packwang/

字彙集
http://www.upcreate.com.tw/ch/glossary.php

設計答人
http://www.upcreate.com.tw/ch/issueme.php

BENUP

在 Instagram 掃描此名牌即可追蹤 benup。

紙版墨色工：好設計，要落地。─印刷設計手冊 / 王炳南著.
-- 初版. -- 新北市：全華圖書, 2019.10 印刷
　　面；　公分
　ISBN 978-986-503-277-7(裸背線膠裝)

　1.印刷2.平面設計

477　　　　　　　　　　　　　　　　108017194

紙版墨色工 - 好設計要落地
印刷設計手冊

作　　者｜王炳南
發 行 人｜陳本源
執行編輯｜謝儀婷
封面設計｜張珮嘉
出 版 者｜全華圖書股份有限公司
郵政帳號｜0100836-1號
印 刷 者｜宏懋打字印刷股份有限公司
圖書編號｜0827701
定　　價｜800元
初版二刷｜2021年12月
I S B N｜978-986-503-277-7
全華圖書｜www.chwa.com.tw
全華網路書店 Open Tech｜www.opentech.com.tw
若您對書籍內容、排版印刷有任何問題，歡迎來信指導book@chwa.com.tw

臺北總公司（北區營業處）
地址：23671新北市土城區忠義路21號
電話：(02)2262-5666
傳真：(02)6637-3696、6637-3696

中區營業處
地址：40256臺中市南區樹義一巷26號
電話：(04) 2261-8485
傳真：(04) 3600-9806(高中職)
　　　(04) 3601-8600(大專)

南區營業處
地址：80769高雄市三民區應安街12號
電話：(07)381-1377
傳真：(07)862-5562

版權所有・翻印必究

23671 新北市土城區忠義路21號

全華圖書股份有限公司

行銷企劃部　收

廣 告 回 信
板橋郵局登記證
板橋廣字第540號

歡迎加入 全華會員

● 會員獨享

會員享購書折扣、紅利積點、生日禮金、不定期優惠活動……等。

● 如何加入會員

填妥讀者回函卡寄回，將由專人協助登入會員資料，待收到 E-MAIL 通知後即可成為會員。

全華書籍

如何購買

1. 網路購書

全華網路書店「http://www.opentech.com.tw」，加入會員購書更便利，並享有紅利積點回饋等各式優惠。

2. 全華門市、全省書局

歡迎至全華門市（新北市土城區忠義路21號）或全省各大書局、連鎖書店選購。

3. 來電訂購

(1) 訂購專線：(02) 2262-5666 轉 321-324
(2) 傳真專線：(02) 6637-3696
(3) 郵局劃撥（帳號：0100836-1　戶名：全華圖書股份有限公司）

※ 購書未滿一千元者，酌收運費 70 元。

OpenTech 全華網路書店 .com.tw

全華網路書店 www.opentech.com.tw
E-mail: service@chwa.com.tw

※ 本會制如有變更則以最新修訂制度為準，造成不便請見諒。

讀 者 回 函 卡

填寫日期： ／ ／

姓名：＿＿＿＿＿ 生日：西元＿＿＿年＿＿月＿＿日 性別：□男 □女

電話：（ ） 傳真：（ ） 手機：＿＿＿＿＿＿

e-mail：（必填）＿＿＿＿＿＿＿＿＿＿

註：數字零，請用 Φ 表示，數字1與英文L請另註明並書寫端正，謝謝。

通訊處：□□□□□

學歷：□博士 □碩士 □大學 □專科 □高中・職

職業：□工程師 □教師 □學生 □軍・公 □其他

學校／公司：＿＿＿＿＿＿ 科采／部門：＿＿＿＿＿

· 需求書類：

□A.電子 □B.電機 □C.計算機工程 □D.資訊 □E.機械 □F.汽車 □I.工管 □J.土木
□K.化工 □L.設計 □M.商管 □N.日文 □O.美容 □P.休閒 □Q.餐飲 □B.其他

· 本次購買圖書為：＿＿＿＿＿＿＿＿ 書號：＿＿＿＿＿

· 您對本書的評價：

封面設計：□非常滿意 □滿意 □尚可 □需改善，請說明＿＿＿＿＿
內容表達：□非常滿意 □滿意 □尚可 □需改善，請說明＿＿＿＿＿
版面編排：□非常滿意 □滿意 □尚可 □需改善，請說明＿＿＿＿＿
印刷品質：□非常滿意 □滿意 □尚可 □需改善，請說明＿＿＿＿＿
書籍定價：□非常滿意 □滿意 □尚可 □需改善，請說明＿＿＿＿＿
整體評價：請說明＿＿＿＿＿

· 您在何處購買本書？

□書局 □網路書店 □書展 □團購 □其他

· 您購買本書的原因？（可複選）

□個人需要 □幫公司採購 □親友推薦 □老師指定之課本 □其他

· 您希望全華以何種方式提供出版訊息及特惠活動？

□電子報 □DM □廣告 （媒體名稱＿＿＿＿）

· 您是否上過全華網路書店？（www.opentech.com.tw）

□是 □否 您的建議＿＿＿＿＿

· 您希望全華出版那方面書籍？＿＿＿＿＿

· 您希望全華加強那些服務？＿＿＿＿＿

～感謝您提供寶貴意見，全華將秉持服務的熱忱，出版更多好書，以饗讀者。

全華網路書店 http://www.opentech.com.tw 客服信箱 service@chwa.com.tw

2011.03 修訂

親愛的讀者：

感謝您對全華圖書的支持與愛護，雖然我們很慎重的處理每一本書，但恐仍有疏漏之處，若您發現本書有任何錯誤，請填寫於勘誤表內寄回，我們將於再版時修正，您的批評與指教是我們進步的原動力，謝謝！

全華圖書 敬上

勘 誤 表

書 號		書 名	作 者
頁 數	行 數	錯誤或不當之詞句	建議修改之詞句

我有話要說：（其它之批評與建議，如封面、編排、內容、印刷品質等・・・）

精华液、面膜.

SMOKE
SOY SAUCE
TASTE GOOD SMOKE
YEP SMOKE KIMLAN
焕活顺滑 (Logo)

COFFEE
SOY SAUCE
TASTE GOOD COFFEE
YEP COFFEE KIMLAN
(Logo)

CHILI
COFFEE
GINGER
SMOKE
(Logo)

MASQUE

困雀思听
INTERESTING

9

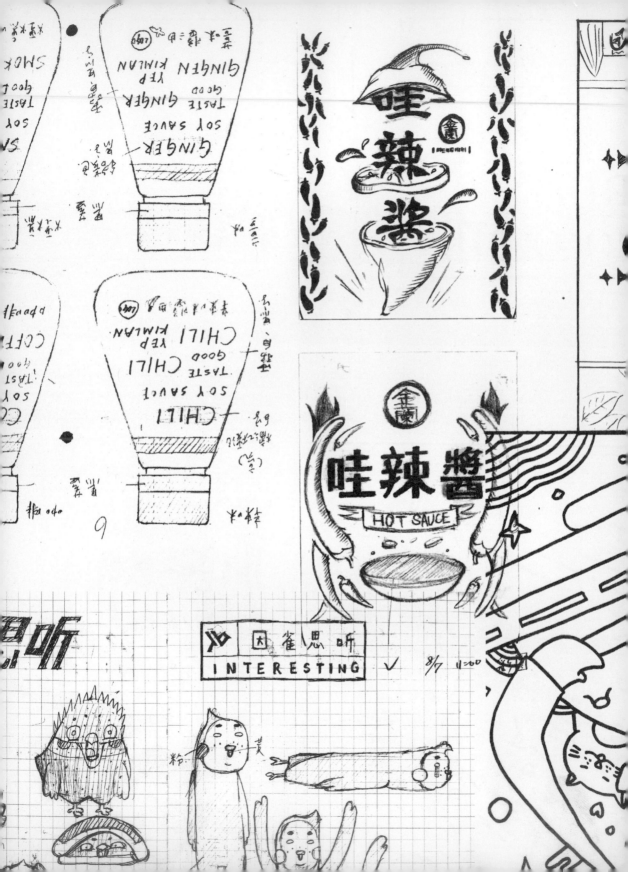

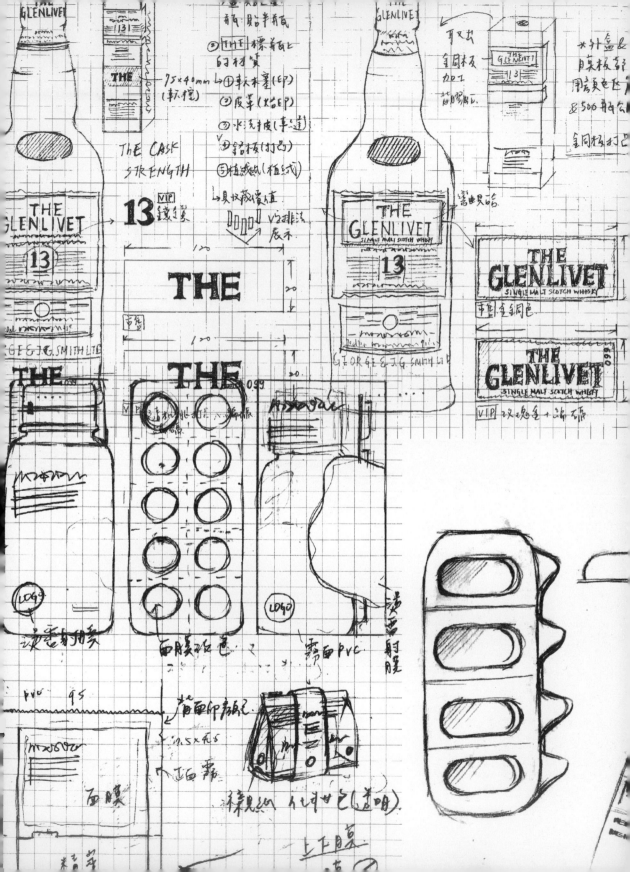